마리나
육상 계류장 / 인양장비
운영 안내

MARINE MOBILE LIFT
MARINE FORK LIFT
DRY STACK

마리나 육상 계류장 / 인양장비 운영 안내

초판 1쇄 인쇄일 2018년 7월 1일
초판 1쇄 발행일 2018년 7월 16일

지은이 정종택
펴낸이 양옥매
디자인 ㈜코마린

펴낸곳 도서출판 책과나무
출판등록 제2012-000376
주소 서울특별시 마포구 방울내로 79 이노빌딩 302호
대표전화 02.372.1537 **팩스** 02.372.1538
이메일 booknamu2007@naver.com
홈페이지 www.booknamu.com
ISBN 979-11-5776-584-3(93500)

이 도서의 국립중앙도서관 출판시도서목록(CIP)은 서지정보유통지원 시스템 홈페이지(http://seoji.nl.go.kr)와 국가자료공동목록시스템(http://www.nl.go.kr/kolisnet)에서 이용하실 수 있습니다.
(CIP제어번호 : CIP2018020592)

마리나
육상 계류장 / 인양장비
운영 안내

MARINE MOBILE LIFT
MARINE FORK LIFT
DRY STACK

정종택 지음

책과나무

마리나

육상 계류장 / 인양장비 운영 안내

MARINE MOBILE LIFT

MARINE FORK LIFT

DRY STACK

발 간 사

2010년 5월 마리나 견학차 호주를 방문하여 여러 종류의 양하 장비를 보고 한국의 해양산업을 위하여 꼭 필요한 장비라고 생각했습니다.

그 후 자료 수집과 대불공단 조선소 매입, 그리고 해양수산부의 "미래해양산업기술개발사업" 으로 마린 모바일 리프트를 국산화하게 되었습니다.

저희 ㈜코마린은 해양레저 사업 및 육상계류장의 설계, 운영과 양하 장비인 마린 모바일 리프트의 설계/생산 그리고 마린 포크 리프트의 수입/판매를 주요 업무로 하고 있습니다.

본 책자는 해양수산부 해양장비 개발사업의 하나인 "소형선박 및 레저보트 상·하가를 위한 50톤급 다목적 모바일 리프트 개발" 사업을 수행하면서 도출된 문제점과 마리나 산업 빌전을 위하여 필요한 사항을 수록하였습니다.

이 지면을 빌어 해양수산부와 개발사업에 참여하신 관계자 여러분의 노고에 깊이 감사드립니다.

『**마리나 육상 계류장 인양장비 운영 안내**』가 한국의 해양산업 발전에 기여할 수 있기를 희망합니다.

2018년 6월 30일

(주)코마린 대표이사

(주)카네비컴 대표이사

(전)한국마리나협회 회장

정 종 택

목 차

제 I 편 마리나의 이해

제 II 편 마리나에서 LIFT의 역할

제Ⅲ편 육상 보관 서비스

제Ⅳ편 코마린 제공 제품/서비스

부 록

제 I 편 마리나의 이해

제1장 마리나(Marina) 개념

1-1. 마리나 정의

1) 마리나의 발달

마리나(Marina)의 어원은 라틴어로 '해변의 산책길' 또는 '해안에서 생선 요리를 파는 곳'이라는 뜻으로, 수변지역에 플레저 보트(Pleasure Boat)를 계류・보관하기 위한 수역시설, 레저를 즐기기 위한 숙박시설, 레스토랑 등 이용자의 편의를 제공하는 서비스 시설을 겸비한 복합적 해양레저공간을 의미하며, 이탈리아에서는 'Marina'를 작은 항구라는 뜻에서 유래되었다.

1930~1940년대 유럽에서는 마리나를 주로 부유층이 여가활동 중 각종 보트를 즐기기 위한 시설물로 지칭하였으며, 1950년대 중반에 전후 세대의 경제적 수익 증가와 생활수준의 향상에 따른 여가 수요가 다양해짐에 따라 기존 전통적인 마리나 시설에서 보트의 정박뿐만 아니라 숙박시설, 레스토랑, 보트판매, 보트수리, 상가, 극장, 클럽 등의 다양한 시설이 포함되었다.

국내에서도 마리나는 요트 및 보트의 생산, 판매, 임대요트, 레스토랑, 숙박시설 등 각종 서비스 시설을 갖춘 종합리조트 형태로 개발 및 발전 중이다.

2) 국내의 마리나 개념

ㅇ 협의의 개념

마리나는 요트, 보트, 제트스키 등의 위락용 선박(Pleasure Boat)등의 계류를 목적으로 하는 소규모의 정박소의 개념이다.

o 광의의 개념

계류시설(해상, 육상), 상하가 시설(크레인), 수리 및 보관시설, 보급 및 청소시설, 안전관리시설, 연수 및 교육시설, 숙박 및 휴식시설, 문화교류시설 등을 갖춘 종합적인 해양레저시설의 개념이다.

3) 국외의 마리나 개념

o 프랑스

프랑스는 마리나를 해변에 조성된 인간을 위한 오락센터라는 의미를 지닌 장소로 이해하며, 해양 레크리에이션의 기지로서 레저 선박의 보관 계류시설과 함께 레스토랑, 낚시, 산책시설 외에 호텔 등의 숙박시설을 포함한 종합적인 레저시설로 총칭하고 있다.

o 미국

1928년에 미국의 엔진보트제조업협회(NAEBM : National Association of Engine and Boat Manufactures)가 온갖 종류의 오락용 보트를 위한 시설과 이것들에 관련된 여러 가지 서비스 시설을 갖춘 일종의 항만 시설을 마리나라고 지칭했다. 이후 마리나란 용어는 이런 종류의 시설을 총칭하는 것으로서 사용되어졌고, 마리나는 플레저 보트를 보관하기 위한 시설뿐만 아니라 서비스를 제공하기 위한 온갖 시설을 포함한 폭넓은 개념으로 정의된다.

o 일본

마리나는 각종 해양스포츠를 즐길 수 있는 보트를 계류·보관하기 위한 시설을 비롯하여 호텔, 레스토랑, 각종 문화시설 등 인간적 요소를 담아내기 위한 모든 시설이 집적된 폭넓은 개념이다.

일본 항만법 제39조에서는 '마리나 항구는 스포츠 또는 레크리에이션에 사용되는 요트, 모터보트, 기타 선박의 편의성에 이바지하는 것을 목적으로 하는 구역'이라고 정의하고 있으며, 일본 마리나 비치협회에 따르면 '마리나는 플레저 보트(Pleasure Boat)의 편의를 위한 항만시설로 일반적으로 플레저 보트(Pleasure Boat)의 계류, 보관, 업무를 수행하는 관리자로서 워터프론트(waterfront)에 존재하는 시설'이라고 하여 통상적으로 보트의 관리, 상하가 시설, 보트의 보수 및 유지, 급수, 급전 등 보트의 계류 업무와 보관 업무를 중심으로 하여 호텔, 콘도미니엄 등의 숙박시설과 각종 레크리에이션 시설 등 다양한 편의 시설을 모두 갖춘 종합적 시설로 마리나를 규정하고 있다.

4) 마리나의 개념

결과적으로 각 나라마다 보는 견해에 따라 마리나에 대한 이해의 차이가 존재하고 있다. 그러나 세계 해양산업을 이끌고 있는 ICOMIA (International Council of Marine Industry Associations)는 "우리 모두가 알고 있듯이 수변지역에 해양레저활동을 할 수 있도록 각종 시설이 조성된 복합적 공간을 총칭하고 있지만, 각 지역의 특성마다 마리나를 보는 견해는 다를 수 있다. 다만 우리는 요트 하버(Yacht Harbor)와 마리나(Marina)를 구분해야 한다. 요트 하버는 단순 요트 계류를 위해 설계된 항구이며, 마리나는 상업시설과 주거, 관광 기능이 포함된 워터프론트(waterfront)라 할 수 있다."라고 정의하고 있다.

ICOMIA에서 제공하는 마리나의 기본적인 정의를 기초로 각 나라 및 지역의 특성에 따라 탄력적으로 표현할 수 있으나 종합적으로 마리나란 수변지역에 해양레저 활동을 즐길 수 있는 각종 시설(기본시설, 기능시설, 편의시설)을 제공하는 복합적 레저공간으로 규정된다.

마리나는 해양관련 파생산업을 발전시키는 견인차 역할을 하는 가장 중요한 기반시설(Infra-structure)의 의미를 갖고 있으며, 해양관광산업의 핵심시설로서 중요한 의의를 가지며, 최근 마리나 개념의 세계적인 추세는 요트산업의 범주를 벗어나 부동산과 연계한 새로운 마리나 모델을 지향하여 마리나를 통한 창의적인 수익 창출이 가능해졌다.

1-2. 마리나 분류

1) 마리나 항만 개발 유형

제1차(2010~2019) 마리나 항만 기본계획에서는 마리나 유형을 기능과 역할에 따라 거점형, 레포츠형, 리조트형 3가지로 분류한다.

- 거 점 형 : 도시근교에 계류・보관 시설과 수리・기능 시설을 중심으로 거점 마리나가 될 수 있도록 300척 규모로 개발하는 유형

- 레포츠형 : 간이형 마리나로서 해양레포츠 활성화를 위해 접근성 뛰어난 곳에 100척 규모로 개발하는 유형

- 리조트형 : 숙박시설과 중・대형 복합 레저 공간을 갖춘 대규모 마리나 리조트로 200척 규모로 개발 하는 유형

구분	분석결과	개발규모
거점형	도심심권 인근으로 중간 규모 이상의 도시근교 거점 기지형 마리나	300척
레포츠형	중소 규모의 수요에 대응하는 연안 중간기항지 및 간이형 마리나	100척
리조트형	중・대형 복합 레저공간을 갖춘 마리나	200척

2) 기능 및 역할에 따른 마리나 유형

마리나의 기능 및 역할에 따라 일상형 마리나와 리조트형 마리나로 분류하거나, 관리 주체에 따라 공공 마리나, 민간 마리나, 공사합동 마리나로 분류하기도 하고 성립조건, 건설형태, 대상보트 등에 따라 세분화하기도 한다.

구분	마리나의 분류	어항 이용한 마리나
성립 조건	- 천연항 : 천연적인 만, 강 입구 등에 형성 - 인공항 : 방파제 등의 외곽시설에 의존	주로 인공형
지리적 조건	- 해항, 하천항, 호항, 운하항	해항
건설형태	- 매립항 : 바다 쪽으로 매립하여 방파제 등을 건설하여 만든 항 - 굴입항 : 저습지, 소만 등 바다 안쪽을 이용하여 만든 항	
기능 및 역할	- 일상형 마리나 : 단기체류형, 대도시 근교 - 리조트형 마리나 : 장기체류형, 숙박세재형, 관광지 인근	일상형 마리나
기능	- 단일형 마리나 : 선박계류 및 관련 서비스 제공, 단일기능 운영 - 복합형 마리나 : 선박 계류 및 관련 서비스 제공과 상업시설, 문화시설 등 다양한 기능을 동시에 제공	단일 및 복합기능
대상보트	- 딩기요트 중심 : 최소한의 시설 구비, 경기용 마리나 - 크루저 요트 중심 : 대도시권 및 관광지 - 모터보트 중심 : 낚시 중심지	모터보트, 크루저 중시
정비관리 주체	- 공공 마리나 : 공공기관 건립, 직영 혹은 민간 위탁 - 민간 마리나 : 민간 건립 및 운영 - 공사합동 마리나 : 자본 합동하여 건립	공공성 높음

3) 개발 형태에 따른 마리나의 유형

마리나에서 제공하는 서비스 형태를 토대로 개발 규모(Size), 입지적 특성(Location), 운영 형태(Operation)에 기초하여 분류하기도 한다.

ㅇ 개발 규모에 기초한 분류

계류시설만 설치하는 계류형 마리나, 워터프론트(waterfront)에 복합시설을 연계하여 개발하는 복합형 마리나, 배후 단지를 연계하여 개발하는 단지형 마리나로 유형화한다.

ㅇ 입지에 기초한 분류

도심에서 접근성이 우수한 도심형 마리나, 관광 여건이 우수하고 관광기능이 결합된 관광지형 마리나, 레저보트가 경유하는 지역으로 도심이나 관광지에 이격된 지역에 조성되는 경유형 마리나로 유형화한다.

ㅇ 운영 형태에 기초한 분류

마리나 이용 권리를 획득한 특정인만이 이용할 수 있는 멤버십(membership)형 마리나, 일반인에게 제공되는 대중(public)형 마리나, 멤버십과 퍼블릭이 공존하는 하이브리드(hybrid)형 마리나로 유형화한다.

구분	개발 규모	입지적 특성	운영 형태
A	계류형 마리나	도심형 마리나	멤버십형 마리나
B	복합형 마리나	관광지형 마리나	퍼블릭형 마리나
C	단지형 마리나	경유형 마리나	하이브리드형 마리나

1-3. 마리나 구성요소

1) 계류기능

마리나의 계류기능은 가장 근간을 이루는 것으로 평온한 수역과 보트를 고정하기 위한 시설(계류시설)을 필요로 한다. 평온수역을 확보하기 위해서는 천연항 등을 이용하는 것이 가장 경제적이지만, 자유롭게 시설을 배치할 수 있다는 점에서 방파제를 건설하여 평온한 수역을 확보하는 경우가 대다수이다.

계류시설로서는 안벽, 잔교, 브이 등이 이용되고 있으나 조위 차에 대한 대응, 승・하선의 편리성과 안전성, 각각의 선형에 대한 적응 유연성, 정비 비용 등의 관점에서 부잔교가 이용되는 경우가 많으며, 딩기요트만 있는 마리나의 경우에 계류시설을 소유하고 있지 않은 경우도 많다.

2) 보관기능

보관기능은 마리나 기능의 본질을 이루는 것으로 보관형태로는 해상보관과 육상보관이 있다. 해상보관은 부잔교 등의 계류시설에 보트를 계류한 채로 보관하는 것이고 육상보관은 육상에 보트를 끌어올려 보트 야드나 보트보관소에 보관하는 것이다.

대형 모터보트나 크루저 요트 등은 해상보관이 일반적이고 소형 모터보트나 딩기요트는 육상보관이 대부분이다.

3) 상하가 기능

육상보관의 경우 출입하려고 하는 보트를 해상에서 상하가 할 필요가 있으며, 해상보관의 경우에도 수리・보수・점검을 위해 상하가가 필요하다.

상하가에는 경사로, 포크 리프트(Fork lift), 크레인 등이 이용되며, 상하가시설의 형식・규모는 취급 보트의 선형종류에 따라 달라지는데 상하가 시설의 불량은 마리나 출입항의 능력을 결정하는 중요한 요인이 되기 때문에 상하가 시설의 선정 시 신중해야 한다.

4) 수리・점검기능

보팅의 안전 확보를 위해서는 보트의 적정한 수리・점검이 불가피하며, 마리나에서 정비되는 수리시설에는 간편한 수리만 하는 것에서부터 본격적인 수리를 하는 공장까지 매우 다양하다.

5) 보급・청소기능

마리나에 있어서 보관선박 또는 방문객의 선박을 위해 물, 연료, 식음료 등을 보급해야 한다. 장거리 항해가 성행하고 있다는 점에서 마리나의 보급기지로서의 중요성이 높아지고 있다.

쓰레기, 폐유 등의 폐기물 처리를 위한 시설을 완비하여, 양호한 주변 환경을 유지해야 하며, 보트를 청결하고 쾌적하게 유지하기 위해 세정시설 등의 청소시설이 필요하다. 대부분의 마리나에서는 선박용품을 판매하기 위한 선구점을 갖추고 있어서, 안전하고 쾌적한 보팅을 위해 필요한 각종 용품을 제공하고 있다.

6) 정보제공기능

최근 해양 여가활동이 세계적으로 다양화됨에 따라 마리나에 있어서도 기상・해상 등의 안전상 필요한 정보에서부터 이벤트 등의 정보까지 다양한 정보의 제공이 요구되고 있다. 항해술의 보급과 마리나의 네트워크화가 진행된다면 해양 여가활동에 관한 정보의 제공은 더더욱 중요하게 될 것으로 전망된다.

7) 숙박・휴식시설

마리나에는 이용자의 휴식을 위한 시설이 불가피하여 샤워 등의 시설을 포함한 화장실은 대다수의 마리나에 갖춰져 있다. 최근 들어 해양 여가활동이 장기적이고 체류형으로 변화하는 경향이 있어, 마리나에 있어서도 호텔 등의 숙박시설로서의 기능이 요구된다.

현재 공공・민간을 포함하여 숙박시설의 수준은 아직 낮지만 이후 종합적 마리나에서는 숙박 및 휴식 시설이 꼭 필요한 시설로 자리매김하고 그 건설은 점점 더 증가할 것으로 전망된다.

8) 연수・교육기능

요트, 그 중에서도 딩기요트는 레저로서보다 오히려 스포츠로서의 색체가 짙어 요트스쿨, 강습회 등이 많이 열리고 있다. 마리나에서 주최하는 강습회 등도 많아 앞으로 이용자층의 확대를 위해서는 이와 같은 기회가 더욱 늘어나야 할 것이다. 이를 위해 연수시설이 필요하며 연수를 효율적으로 진행시키기 위해 숙박시설이 완비되는 것이 바람직하며, 연수시설의 일환으로서 임대요트의 요청이 높아지고 있어 이후에도 임대요트는 증대할 것으로 예상된다.

9) 안전관리기능

마리나는 외양을 항해하는 레저보트의 피난・휴식 등의 안전 확보를 위한 기능・역할을 하므로 이를 위해서라도 마리나의 네트워크 형성이 필요하다.

마리나의 관리・운영에 있어서 가장 중요한 점은 이용자의 안전 확보이므로 마리나 관리자는 마리나 내부의 안전뿐만 아니라 이용자가 외양에서 항해할 때의 안전대책에 대해서도 배려해야 하고 어업의 문제방지에도 유의해야 한다.

10) 문화교류기능

마리나는 해양 여가활동의 기지인 동시에 이것을 통한 지역문화 양성과 교류를 촉진하는 경우도 많아 근년 들어 지역개발의 관점에서도 그러한 기능을 갖춘 종합적인 마리나의 정비가 중요하다. 이를 위해 마리나에 박물관, 도서관 등의 문화학술시설이나 이벤트 광장, 집회장 등의 교류시설의 완비가 요구된다.

구 분		개 요
기본 기능	계류기능	- 가장 기본적인 시설이며 정온수역과 보트를 고정하기 위한 시설이 필요
	보관기능	- 계류기능과 마찬가지로 기본적인 시설이며 해상보관시설과 육상보관시설로 구분
	상하이동기능	- 선박을 육지 또는 수상으로 이동 시킬 때 필요한 시설로 크레인, 리프트 또는 경사로
	수리·점검기능	- 보트의 수리 및 점검을 위한 시설로 수리설비, 수리공간 필요
	보급·청소기능	- 물·연료 ·식료 등의 보급을 위한 시설 및 보트세척, 오폐수 처리시설
보조 기능	정보제공기능	- 기상 ·해상에 관해 안전상 필요한 정보제공시설
	숙박·휴식기능	- 이용자를 위한 휴식시설로 숙박시설, 휴게실 등
	연수·교육기능	- 이용자를 위한 강습 등 교육을 위한 시설로 클럽하우스, 연수원 등
	안전관리기능	- 외해를 항해하는 선박의 안전 확보를 위한 시설로 컨트롤타워, 항로표지 등
	문화교류기능	- 해양성 레크리에이션 기지임과 동시에 지역 교류거점으로 활용 이벤트광장, 박물관, 전시실 등

* 출처: 부산광역시(2009), 부산해역 마리나시설 개발타당성 검토

1-4. 마리나 중요시설

1) 외곽시설

마리나라고 불리는 것 중에는 해상계류를 하지 않는 것도 있지만, 대부분의 마리나는 해상계류를 위한 시설이 있어야 한다. 해상계류를 하지 않는 마리나는 상상하기 어렵고 창고와 같은 느낌을 받아 친근감도 없을뿐더러 여러 가지의 즐거움을 누릴 수 없다.

레저보트의 정박, 계류, 보관, 상하가를 위해서는 조용한 수면의 확보가 필수적이다. 호수나 늪지, 하천 또는 내륙의 만 등과 같이 천연 그대로에서의 수면이 비교적 온화한 경우에는 방파제를 건설하지 않는 경우가 있으며, 항구의 안쪽에서는 모래사장을 그대로 경사로로 이용하는 경우도 있는데 일반적으로는 호안·안벽을 가진 방파제에 의해 수역을 둘러싸고 조용한 정박지를 건설하여 각종 선박의 계류와 상하가를 행하고 있다.

천연의 정온수역을 보유하고 있는 경우에는 방파제를 설치하지 않고 정박지로서 이용해 왔지만 이러한 천연의 좋은 항은 모두 어항 또는 일반적인 항만으로 이용되는 경우가 많아 도시 근처에서 이것을 확보하기가 현재로서는 매우 어렵다. 천연적으로 입지가 좋은 항이 아닌 경우 수면에 양륙이 어려운 대형요트나 모터보트를 보관하려 하는 경우 외해로부터의 파랑을 차단하여 정온수역을 얻기 위해서 방파제 등의 설치가 불가피하다.

육상의 보관선박이나 클럽하우스 등의 시설을 태풍 등에 의한 파랑으로부터 보호하기 위해서는 방파호안이 일반적으로 필요하게 되며 이 방파제와 방파호안 및 정박지 내의 호안을 모두 합쳐서 외곽시설로 정의한다.

2) 수역시설

ㅇ 정박지

레저보트의 안전한 계류・정박・수면보관 및 원활한 선박의 조종을 가능하게 하기 위해 평온하고 충분한 수심과 면적을 소유하는 수면을 확보해야한다. 방파제로 둘러싸인 정박지의 형태나 넓이는 보관선박의 종류나 크기, 계류방법과 밀접하게 관련되며 건설비와도 관련되기 때문에 계획단계에서 수요동향 등을 충분히 검토해야 한다. 그 후의 관리를 원활하게하기 위해 레이아웃에 대해서도 충분히 검토하는 것이 바람직하다.

ㅇ 항로

항내의 항로는 항풍(恒風) 방향과의 관계를 고려하여 선박의 이동을 위해 평온하고 충분한 수심과 폭을 소유한 수면을 확보해야 한다. 항로의 폭은 엔진부착 선박의 경우에는 선박길이의 2배 이상, 엔진이 없는 경우에는 5배 이상의 폭이 확보되도록 하는 것이 바람직하다.

특히 레이스 등의 개최를 고려하는 마리나에서는 다수의 선박이 동시에 항해 가능해야 한다. 큰 항만의 항의 끝부분을 시작으로 하여 화물선, 어선 등 일반 선박이 모여드는 해역에 마리나가 위치하는 경우 레저보트의 활동수역에 이르는 안전한 교통수단이 있는 항로의 확보가 중요하여 해사관계자나 관련행정기관과 충분히 협의, 조정하여 이용자의 안전 확보를 위한 주의를 기울여야 한다.

ㅇ 활동수역

마리나의 건설계획에 있어서 선박의 종류와 대응하여 선박항해, 어업 등의 수역이용을 감안하여 선박의 활동에 필요한 넓이의 수역을 확보하도록 유의해야 한다. 오늘날과 같이 여가활동에 의한 정신적인 충족을 보다 강하게 구하는 시대에는 기존의 수역이용에 더하여 레저보트에 의한 수역의 이용 등 새로운 공간이용의 요청에 적극적으로 대응, 어업 등 다른 수역이용과 재조정을 함으로써 레저보트가 안심하고 활동할 수 있는 수역을 확보해야 한다.

3) 계류시설

계류시설은 크게 구분하여 순수하게 해상에서 레저보트를 계류 보관하는 목적과 육상 보관선박을 해상에 내릴 때의 출항준비 등의 일시 작업 및 점심을 먹기 위해 귀항하거나 방문객 선박의 계류에 대응할 목적 등의 2가지로 나누어진다.

이제까지 요트의 크기는 딩기 클래스가 주류를 이루었으며 모터보트도 소형이 주류를 이루었으나 최근에는 크루저급 요트가 증가하면서 모터보트도 대형화되고 있다. 딩기요트의 보관은 육상의 야드 또는 선반식 보관시설 등을 이용하며, 크루저 요트 및 모터보트는 대형화, 고급화 할수록 육상보관이 곤란해지면서 마리나에 와서 바로 탈 수 있거나 선상파티를 여는 등, 고급 서비스를 제공하는 관점에서 계류 보관이 되는 경향이 짙다.

해양 여가활동의 연장과 고급화라는 경향으로 항해가 성행하고 있어 방문객용 버스의 필요성이 높아져 이후 마리나에 있어 계류시설은 이와 같은 배경을 근거로 점점 더 중요한 위치를 차지할 것으로 전망된다.

4) 상하가시설

상하가시설은 마리나에서 육상에 보관하는 선박을 정박지와 육상 보관시설을 오가며 양륙·이동하는 시설이나 설비를 말한다.

선박은 육지에서 수면으로, 수면에서 육지로 그리고 보관 장소에서 양륙시설, 급유나 수리창고 등으로 이동해야 하는데 계류선박(대형선박)의 수리 등을 할 경우에도 양륙선박이 필요하므로 능률적인 선박의 상하가시설을 설치해야 한다.

마리나의 자연조건·입지조건 등을 고려하여 가장 적합한 기종이나 상하가 시스템을 선정해야 한다.

5) 육상보관시설

○ 주정장(옥외 평면보관)

주정장은 매립에 의한 토지구성을 제외하고 넓은 토지가 있는 경우엔 비교적 공사비가 저렴하고 선박의 출입, 이동, 유지, 보수 등이 용이하지만 상당한 점유

면적을 필요하며, 항만구조물은 비교적 고액의 건설비를 필요로 하므로 정박지의 규모도 작게 한정되는 경우가 많아 보트 야드의 확보가 필요하다.

레저보트의 대형화가 진행되고 있어 보다 넓은 야드의 면적이 요구되는데, 보관선박 1척당 필요면적은 선박의 크기나 계류방법, 양륙시설로의 이동방법이나 서브통로의 취급방법에 따라 달라지지만 이동용 공간(포크 리프트 등에 의한 이동통로 등)을 포함한 1척당 필요공간은 선박 종류의 실질적인 필요장소 면적의 2배 정도의 공간이 필요하다.

주정장의 레이아웃 시 넓은 면적의 보트 야드를 계획하여 다수 선박의 종류를 보관하는 경우에는 먼저 선박의 종류별(요트, 모터보트) 보관 장소를 구분하고 선박의 길이별로도 구분하여 각각에 적합한 양륙시설을 설치하고, 양륙시설에서 가까운 거리에 대형선박을 배치하고, 순차적으로 이동하기 쉬운 선박을 끝부분에 배치하는 것이 기본 레이아웃이다.

선박의 배치에 있어 선박의 출입, 이동용 통로의 폭도 중요한 요소가 되며 통로의 폭 역시 선박의 크기와 보관, 이동용 차량 등의 크기, 보트 야드의 형태(수제에 대한 가로, 세로 길이, 정방형 등)에 의해서도 달라진다.

ㅇ 드라이 스택

드라이 스택(실내 선박보관소)은 반드시 필요한 시설은 아니지만 옥외보다 옥내의 보존상태가 좋기 때문에 모터보트의 경우 선박 보관을 원하는 이용자가 많다. 보트 야드가 좁은 경우 계단식으로 해야 보관 척수를 많이 수용하게 되어 보관요금을 높일 수 있으며, 현재 공공 마리나에 있어서 선박 보관소의 취급은 클럽하우스와 일체로 처리하는 방법이 많아 선박 보관소에 클럽하우스를 설치하여 여분의 공간에 감시탑, 기상계기, 조명, 방송설비 등의 부대설비를 효율적으로 배치하고 있다.

6) 관리운영시설

관리운영시설은 이용자에 대하여 양질의 충분한 서비스를 제공함과 동시에 인명 및 선박의 안전을 확보할 수 있도록 계획을 세울 필요가 있다. 일반적으로 클럽하우스로서 그 기능이 집약되어 있으며 클럽하우스의 형태는 마리나의 성격에 따라 공통적으로 3가지 기본기능으로 분류할 수 있다.

기능	시설・설비	비고
마리나시설 및 이용자의 관리기능	프런트, 관리사무실, 하버사무실, 응접실, 당직실, 화장실, 로비	마리나 고유의 것
항해자 및 오너에 대한 서비스 기능	탈의실, 샤워실, 욕실, 선구라커, 세면실, 마린shop, 클럽룸, 연구실(회의실)	마리나 고유의 것
항해 후 선원 및 방문자에 대한 서비스 기능	커피shop, 매점, 레스토랑, 숙박시설, 연수실(기업연수 등)	제3자에 의한 영업도 가능

기본적으로 클럽하우스는 이용자의 공간과 관리자의 공간으로 구성된다.

○ 이용자의 공간 : 접수(프런트), 로비, 라커룸, 샤워실, 욕실, 화장실, 선구라커, 클럽룸, 마린shop, 연수실(음식, 숙박) 등으로 구성

○ 관리자 공간 : 접수(프런트), 사무실, 하버사무실, 응접실, 회의실, 당직실 등으로 구성

물에 젖은 옷이나 수영복차림으로 로비나 프런트 앞을 지나지 않으면 라커룸, 샤워실, 화장실 등에 갈 수 없는 등 동선상의 문제가 생길 수 있으므로 클럽하우스 내의 동선은 이용자의 동선과 관리자의 동선으로 분리하여 각각 독립되어 있으면서도 능률적으로 연결되도록 고려하여 계획해야 한다.

제2장 국내 마리나 관련규칙

2-1. 마리나 항만의 조성 및 관리 등에 관한 법률

마리나 항만 및 관련 시설의 개발·이용과 마리나 관련 산업의 육성에 관한 사항을 규정함으로써 해양스포츠의 보급 및 진흥을 촉진하고, 국민의 삶의 질 향상에 이바지하는 것을 목적으로 한다.

마리나법에서 정의하는 용어는 다음과 같다.

- 마리나 항만 : 마리나선박의 출입 및 보관, 사람의 승선과 하선 등을 위한 시설과 이를 이용하는 자에게 편의를 제공하기 위한 서비스시설이 갖추어진 곳으로서 제10조에 따라 지정·고시한 마리나 항만구역
- 마리나 항만시설 : 마리나선박의 정박시설 또는 계류장 등 마리나선박의 출입 및 보관, 사람의 승선과 하선 등을 위한 기반시설과 제조시설, 이를 이용하는 자에게 편의를 제공하기 위한 서비스시설 및 주거시설(「하천법」이 적용되거나 준용되는 하천구역을 제외한 마리나 항만구역의 주거시설을 말한다)로서 대통령령으로 정하는 것
- 마리나선박 : 유람, 스포츠 또는 여가용으로 제공 및 이용하는 선박(보트 및 요트를 포함한다)으로서 대통령령으로 정하는 것
- 마리나산업단지 : 마리나 항만시설 또는 마리나 선박 등 관련 산업 및 기술의 연구・개발 등 마리나 항만 관련 상품의 개발·제작과 전문 인력 양성 등을 통하여 관련 산업을 효율적으로 진흥하기 위하여 조성하는 것으로서 「산업입지 및 개발에 관한 법률」에 따른 국가산업단지, 일반산업단지, 도시첨단산업단지 및 농공단지
- 마리나업 : 마리나 선박을 대여하거나, 마리나선박의 보관·계류에 필요한 시설을 제공하거나, 그밖에 마리나 선박 등의 이용자에게 물품이나 서비스를 공급하는 업

사업시행자가 국가 또는 지방자치단체인 경우 개발사업으로 조성 또는 설치된 토지 및 시설은 준공과 동시에 국가 또는 해당 지방자치단체에 귀속된다. 사업시행자가 국가 또는 지방자치단체가 아닌 경우 개발사업으로 조성 또는 설치된 토지 및 시설은 준공과 동시에 투자한 총사업비의 범위에서 해당 사업시행자가 소유권을 취득한다. 다만, 대통령령으로 정하는 공공용 토지 및 시설은 준공과 동시에 국가 또는 지방자치단체에 귀속한다.

국가 또는 지방자치단체에 귀속되는 토지 및 시설은 그 사업에 투자된 금액의 범위에서 대통령령으로 정하는 바에 따라 해당 사업시행자로 하여금 무상으로 사용·수익하게 할 수 있다. 이 경우 무상으로 사용·수익하는 자는 타인에게 그 토지 및 시설의 일부를 사용·수익하게 할 수 있다. 그리고 타인에게 사용·수익하게 하는 경우 그 사용·수익기간은 그 토지 및 시설의 무상사용·수익기간을 초과할 수 없다.

마리나 항만시설을 사용하려는 자는 대통령령으로 정하는 바에 따라 관리운영권자의 허가를 받아야 한다. 다만, 관리운영권자가 국가 또는 지방자치단체가 아닌 경우에는 그 관리운영권자와 임대계약을 체결하거나 관리운영권자로부터 사용의 승인을 받아 마리나 항만시설을 사용할 수 있다.

관리운영권자는 제1항에 따른 마리나 항만시설의 사용허가 또는 임대계약 등 사용신청이 있는 때에는 그 사용으로 인하여 마리나 항만의 개발계획 및 관리·운영에 지장이 없는 범위 안에서 마리나 항만시설의 사용허가 등을 할 수 있다. 그리고 마리나 항만시설을 사용하는 자로부터 사용료를 징수할 수 있다. 다만, 국가 및 지방자치단체 등 대통령령으로 정하는 자에 대하여는 그 사용료의 전부나 일부를 면제할 수 있다.

국가 또는 지방자치단체가 아닌 관리운영권자는 제3항에 따른 사용료의 요율과 징수방법 등에 관한 사항을 미리 해양수산부장관에게 신고하여야 한다. 그리고 해양수산부장관은 사용료의 요율, 징수방법이 사용자의 편익을 해칠 우려가 있다고 인정되는 경우에는 그 사용료의 요율의 변경과 그밖에 마리나 항만시설의 관리・운영에 필요한 사항을 명할 수 있다.

2-2. 제1차 마리나 기본계획(수정계획)

마리나 항만 기본계획은 마리나 항만법(이하 "마리나항만의 조성 및 관리 등에 관한 법률")에 근거하여 해양수산부 장관이 10년마다 수립하는 마리나 항만 개발에 관한 기본 틀이다. 기본계획에 대하여 5년마다 그 타당성을 검토하여 수정계획을 수립하도록 하고 있다.

지난 2010년 수립된 제1차 마리나 항만 기본계획의 수정계획으로 국내 해양관광활동 인구 증가, 레저보트 등록 및 면허자수의 급격한 증가 등 해양레저·스포츠 문화에 대한 여건 변화 및 해양레저 활동에 대한 다양한 국민의 요구를 담기 위하여 수정되었다.

계획 수립에 앞서 조사된 지자체 수요를 바탕으로 104개소의 후보지에 대한 현장조사 및 관계자 자문, 관계기관 협의 등을 거쳐 마리나 항만 개발 예정구역 선정을 최종 확정하는 한편, 마리나 항만 개발을 위한 수요 확산 및 활성화 전략, 마리나 항만 개발을 위한 정책 방향, 민간투자 촉진을 위한 제도개선 등의 과제를 담았다.

1) 제1차 마리나 항만 기본계획 수정

- 개발수요 : 총 9,400척을 9개 권역에 배분
- 수정계획 : 마리나 항만구역 6개소, 마리나 항만 예정구역 58개소 선정, 예정구역 위치 등 제시

2) 개발수요

- 총 수 요 : 3가지 수요 추정 인자에 따라서 예측 후 평균치 산출
- 대상기간 : 2019년까지 추정
- 추정결과 : 전체 수상레저선박은 2019년 14,310척으로 추정됨.
- 개발수요 : 마리나 항만 개발수요는 전체 수상레저선박 중 해수면 레저선박 비중을 고려하여 2019년 9,400척으로 추정

- 전국 차원의 추정 결과를 조종면허 취득자 비중, 해수면 요.보트 소유자 비중을 고려하여 9개 권역에 배분

3) 마리나 기본계획(수정계획)

- 대상지 선정 : 인문.사회여건(접근성, 시장성, 이용성, 사업추진 용이성) 및 자연환경여건(해상조건, 기상조건 및 자연조건)의 선정기준*에 따라서 후보지 평가를 거쳐 최종 대상지 선정
- 지자체 수요 조사를 통하여 104개소의 후보지를 검토
- 운영 중이거나 개발 중인 마리나 항만은 우선 대상지로 선정
- 수정계획 : 마리나 항만구역 및 마리나 항만 예정구역 포함
- 대상항만 : 마리나 항만구역 6개소 및 마리나 항만 예정구역 58개소 선정
- 예정구역 : 기본계획은 유형별 시설규모를 중심으로 육상 및 해상구역으로 지정하였으나, 수정계획은 계획지점에 육역접점 기준으로 반경 500m이내 지역을 예정구역으로 지정
- 마리나 항만의 규모, 시설형태 등 민간투자자에게 사업계획 수립의 자율성을 부여하여 민간투자 유치 활성화 도모

기본계획(예시)	수정계획(예시)
유형별 시설규모를 육상, 해상으로 구분하여 예정구역 지정	육역접점 기준 반경 500m 이내를 예정구역으로 지정
 왕산 마리나항만 예정구역도	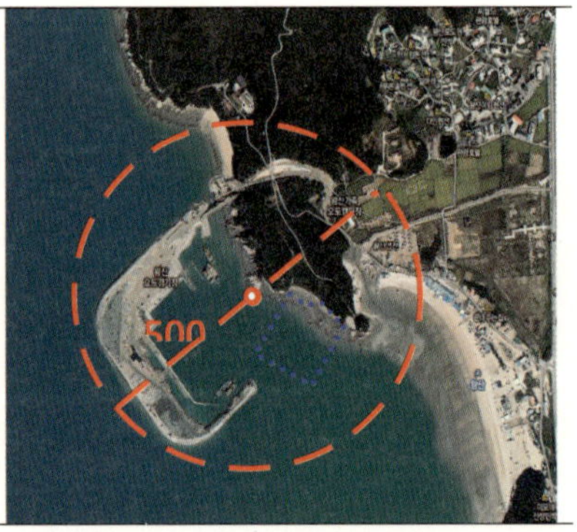 500

4) 마리나 항만구역 및 마리나 항만 예정구역

○ 마리나 항만구역

권 역	대 상 항 만	개소
수도권	김포터미널, 제부, 왕산	3
전남권	목포	1
경남권	충무	1
제주권	중문	1
합 계	-	6

○ 마리나 항만 예정구역

권 역	대 상 항 만	개소
수도권	전곡, 덕적도, 서울, 인천, 시화호, 영종, 흘곶, 방아머리	8
충청권	홍원, 창리, 왜목, 안흥, 무창포, 장고항, 원산도	7
전북권	고군산, 비응	2
전남권	목포, 소호, 여수엑스포, 웅천, 화원, 계마, 진도, 완도, 광양, 남열	10
경남권	충무, 삼천포, 명동, 당항포, 지세포, 동환, 구산, 하동	8
부울권	부산북항, 진하, 수영만, 운촌, 고늘, 백운포, 동암, 다대포	8
경북권	양포, 후포, 두호, 감포, 강구	5
강원권	수산, 강릉, 속초, 덕산	4
제주권	김녕, 도두, 이호, 신양, 화순, 강정	6
합계	-	58

※ 목포, 충무는 마리나 항만구역으로 지정·고시되었으나, 추가 개발예정으로 마리나 항만 예정구역에 포함

5) 마리나 항만 예정구역 대상지 현황

권역	제1차 마리나 항만 기본계획 (47개소)	제1차 마리나 항만 기본계획 수정계획 (58개소)
수도권	왕산, 덕적도, 방아머리, 제부, 흘곶, 전곡, 김포	전곡, 덕적도, 서울, 인천, 시화호, 영종, 흘곶, 방아머리
충청권	석문, 오천, 보령, 홍원	홍원, 창리, 왜목, 안흥, 무창포 장고항, 원산도
전북권	고군산, 비응	고군산, 비응
전남권	목포, 소호, 여수엑스포, 화원 팽목(진도), 완도, 남열, 함평	목포, 소호, 여수엑스포, 웅천, 화원, 계마, 팽목(진도), 완도, 광양, 남열
경남권	구산, 당항포, 물건, 하동, 명동 삼천포, 사곡, 충무	충무, 삼천포, 명동, 당항포, 지세포, 동환, 구산, 하동
부울권	부산북항, 백운포, 수영만, 고늘, 진하	부산북항, 수영만, 운촌, 백운포, 동암, 다대포, 고늘, 진하
경북권	두호, 후포, 양포	두호, 후포, 양포, 강구, 감포
강원권	속초, 덕산, 강릉, 수산	속초, 덕산, 강릉, 수산
제주권	강정, 김녕, 도두, 중문, 이호, 신양	강정, 김녕, 도두, 이호, 신양, 화순

※ 마리나 항만(6개소) 구역 : 김포터미널, 제부, 왕산, 목포, 충무, 중문

2-3. 설계 기준

1) 항만 및 어항 설계기준[1](제12편 마리나)

항만시설물, 어항시설물, 연안정비시설물 등의 계획 및 설계에 대하여 신기술·신공법, 저탄소, 신재생에너지 등을 반영하여 환경 친화적이며 미래지향적인 항만시설물 설계기준을 정립하고 국제설계기준과 연계 방안을 도출하여 해외건설 진출을 활성화하고, 항만기술 발전에 이바지 하는 것이 목적이다.

본 기준은 "건설기술 진흥법", "항만법", "어촌·어항법" 등에서 규정하는 각 시설물별로 설계자가 설계업무를 보다 체계적이고 효과적으로 수행하도록 하고, 품질·강도·안전·성능 등을 유지하기 위한 설계조건의 한계(최저한계)를 규정하는 기준으로써 대상시설물의 설계업무를 수행하는데 법령을 제외한 기준 중 최우선되는 기준이다.

마리나의 위치는 대상 보트 등을 고려한 계획규모와 자연조건, 사회조건, 경제성, 접근성 등을 고려하여 선정한다. 마리나 내 시설물의 배치는 각 시설의 계획규모들에 상응하여, 각 시설간의 동선 또는 상호 연관성을 충분히 검토하고 마리나 전체의 안전성, 편리성, 효율성이 확보되도록 결정한다. 또한 환경보전, 경관 등에 대해서도 충분히 고려한다.

---

1) 본 기준은 "항만법" 제 29조 항만시설의 기준과 해양수산부령 제 1호(2013.3.24) 항만시설의기술기준에 관한 규칙 및 "어촌·어항법"에서 규정하는 시설, "연안관리법"에 의한 연안정비사업으로 설치되는 시설물 등에 대하여 적용한다.
① 항만법 제2조 제5호의 항만시설
② 항만법 시행령 제1조의 2의 2종 항만배후단지에 설치할 수 있는 시설
③ 항만법 시행규칙 제2조의 항만지원시설
④ 어촌·어항법 제2조 제5호의 어항시설
⑤ 어촌·어항법 시행령 제2조의 주민편익시설
⑥ 건설기술 진흥법 제44조 설계 및 시공기준
⑦ 시설물의 안전관리에 관한 특별법 제4조 시설물의 안전 및 유지관리계획의 수립·시행 등
⑧ 연안관리법 제4장 연안정비사업
⑨ 항만시설의 기술기준에 관한 규칙

ㅇ 마리나에 관련된 항만시설

시 설	필요장비
수역시설	항로, 정박지, 선유장
외곽시설	방파제, 호안
계류시설	안벽, 잔교, 부잔교, 계선말뚝, 계선부표
상하가시설	**경사로, 레일램프, 보트 승강기 등**
지원시설	급수시설, 급전시설, 수리시설 등
육상보관시설	**주정장, 보트보관소, 클럽하우스**
임항교통시설	도로, 주차장

ㅇ 마리나 이용자 동선형태

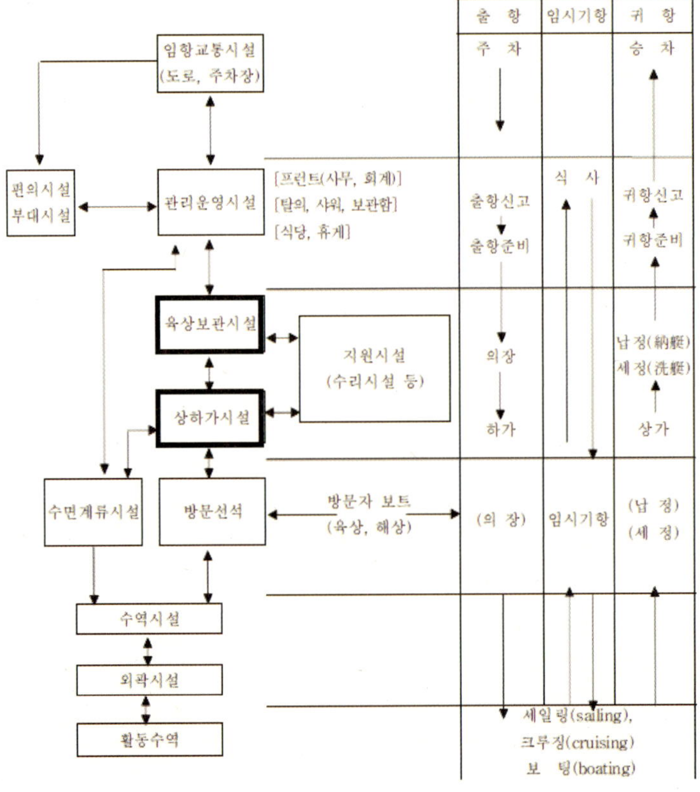

2) 상하가 시설

상하가시설의 형식 및 규모는 대상으로 하는 보트의 선종 및 선형, 계류 척수, 처리능력 등을 고려하여 적절히 정한다.

상하가시설은 육상에서 보관 또는 수리 등을 행하기 위하여 보트를 정박지 또는 선유장으로부터 들어 올리거나 내리는 시설이다. 육상보관시설, 보트수리시설과 임시계류를 위한 계류시설의 위치를 고려하여 보트를 올리고 내리거나 이동이 원활하도록 적절히 배치할 필요가 있다.

시설	필요장비	장비명
보트 승강 시설[1]	경사로 (slope, slipway)	◆ 인력 ◆ 윈치(전동, 수동, 차량)
	레일램프(rail ramp)	◆ 윈치(전동, 수동, 차량)
	포크 리프트(forklift)	◆ 플러스 포크 리프트 ◆ 마이너스 포크 리프트
	보트승강기(boat lifter)	◆ 포크(fork)형 ◆ 테이블(table)형
	크레인(crane)	◆ 트럭(truck crane) ◆ 주행식(gantry crane) ◆ 이동식(travel lift, staddle, hoist 등) ◆ 고정식(jib boom crane 등)
	기타	◆ 플로팅도크(floating dock) ◆ 타기종의 개조 ◆ 독자 개발시설 등
이동시설[2]	트레일러	◆ 포크 리프트(fork lift) ◆ 이동식 크레인 등 각종 운반기
	차량	
	기타	
상하가 보관 일체시설[3]	-	◆ 천정 크레인(overhead crane, stacker crane 등) ◆ 기타
포크 리프트(forklift), 크레인(Marine mobile lift)		◆ 요트, 보트의 승강과 육상이동 가능한 장비

1) 정박지에서 육지부로 올리고 내리는 시설
2) 승강시설과 주로 주정장 사이를 이동하는 시설 또는 장치
3) 승강, 이동, 보관 장소 주로, 복층 선반으로의 수납을 일관해서 행하는 시설 또는 장치

3) 육상보관시설

육상보관시설의 형식 및 규모는 대상으로 하는 보트의 종류 및 선형, 척수 등을 고려해서 적절히 정하여야 한다. 육상보관시설에는 주정장(Boat yard), 옥내보관소(Dry Storage), 옥외복층선반(Dry Stack), 입체보관시설이 있고 그들의 형식과 규모는 보트의 종류 등을 고려하여 적절히 정한다. 육상보관시설의 제원은 대상 보트의 제원과 함께 이동용 장비의 작동에 필요한 행동범위 등을 고려하여 정한다.

지형적 이유나 항만시설 또는 보트의 유지관리상 필요에 의해 평소에 소형 보트를 해상 계류장(Wet berthing)에 두지 않고, 육상에 보관하는 건식 보관 방식(Dry berthing)을 채택할 수 있다.

주정장(옥외평면보관, Boat yard)은 비교적 건설비가 싸고, 시설의 유지관리, 보트의 반출입, 이동이 용이하지만 많은 점유면적을 필요로 한다.
옥내보관소(Dry storage, 옥내에 평면 또는 복층 보관)는 비교적 건설비가 높으나 보트의 보수.보관상태가 양호하다.

옥외복층선반(Dry Stack)은 옥내보관소와 비교해서 건설비도 싸고 세일딩기요트 및 소형모터보트 등을 좁은 부지에 다수 보관하는데 적합하다.

입체보관시설(반송시설이 조합된 단층 보관)은 단층선반 등의 보관시설에 상.하가, 반송 시스템이 조합되어있는 시설이다. 소형 모터보트를 좁은 부지에 많이 보관하는데 적합하다.

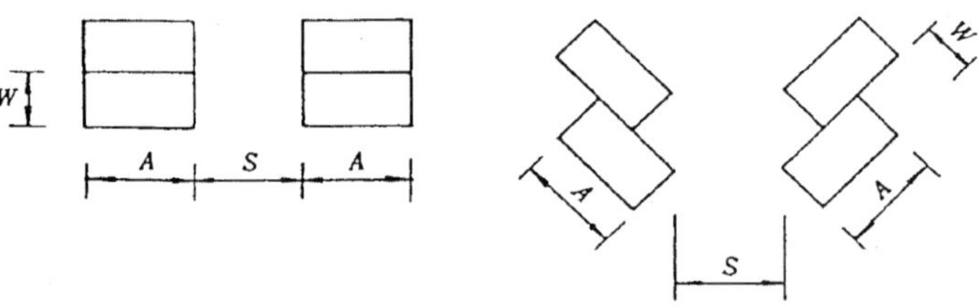

구분	표시 길이(A)	표시 폭(W)	통로폭(S)
L: 전장 B: 선폭	(1.0~1.2)L	(1.0~1.5)B	◆ S=(1.0~1.5)L ◆ 이동용 차량(포크 리프트, 트레일러, 이동식 크레인 등)을 사용하는 경우 : 이동용 차량의 회전 반경을 고려하여 결정

보트의 종류에 따라 적합한 보관형태는 일반적으로 다음과 같다.

- 세일크루저요트 : 수상계류, 주정장
- 세일딩기요트 : 주정장, 옥내보관소, 옥외복층선반
- 모터크루저보트 : 수면계류, 주정장, 옥내보관소
- 모터보트 : 주정장, 옥내보관소, 옥외복층선반, 입체보관시설

복층 보관의 경우 선반(rack)과 선반 사이에는 차량이나 장비가 다닐 수 있도록 육상 보관되는 가장 큰 보트 길이의 1.5배에 해당하는 통로를 두는 것이 바람직하다. 태풍 등 이상기상의 빈도가 높은 지역, 휴지기간(season off)이 긴 지역 등에 있어서는 당해 지역의 특성을 충분히 고려해서 보관형태를 결정할 필요가 있다.

제3장 국내외 레저보트/요트 현황

3-1. 요트/보트 제원

1) 총톤수(톤)-최대선폭(m) 비교

해양수산부의 보트, 요트, 일반어선의 무게에 대한 선폭 기준과 국내 판매중인 요트 및 보트의 총톤수에 대한 선폭 기준을 종합적으로 비교하였다. 아래 표는 총톤수(톤)별 최대 선폭(m)에 대한 결과이다.

무게(톤)	해수부 보트기준		해수부 요트기준		해수부 일반어선		국내 판매 요트/보트			최대선폭(m)
	무게	선폭	무게	선폭	무게	선폭	무게	선폭	모델명	
1.0					1.0	1.7				1.7
1.8	1.8	2.6								2.6
2.3			2.3	2.8						2.8
2.6			2.6	2.9						2.9
2.8	2.8	3.0					2.8	2.9	Mako 293 Walkaround	3.0
2.9			2.9	3.0						3.0
3.0					3.0	2.2				2.2
3.1							3.1	2.8	Century3000	2.8
3.2			3.2	3.1			3.2	3.2	BostonWhaler28/290	3.2
3.3							3.3	2.8	Cobia 312 Sport Cabin	2.8
3.3							3.3	3.0	Trophy2802	3.0

무게(톤)	해수부 보트기준		해수부 요트기준		해수부 일반어선		국내 판매 요트/보트			최대 선폭(m)
	무게	선폭	무게	선폭	무게	선폭	무게	선폭	모델명	
3.4							3.4	3.1	Pro-Line30/31	3.1
3.5							3.5	2.6	Fountain31/32	2.6
3.5							3.5	3.1	Pro-Line30/31	3.1
3.6			3.6	3.2			3.6	3.3	Hydra-Sports 2800	3.3
3.7							3.7	2.8	Phoenix27	2.8
3.9							3.9	3.0	Trophy2902	3.0
3.9							3.9	3.1	BostonWhaler320	3.1
3.9							3.9	3.2	Boston Whaler 28/295	3.2
3.9							3.9	3.3	BostonWhaler305	3.3
4.0							4.0	3.2	Wellcraft 290 Coastal	3.2
4.1			4.1	3.4			4.1	2.9	Marlin350	3.4
4.1							4.1	3.1	BlackWatch30	3.1
4.2							4.2	3.2	Pursuit3370	3.2
4.3							4.3	3.0	Osprey 30	3.0
4.3							4.3	3.2	Century3200	3.2
4.3							4.3	3.6	Grady-White330	3.6
4.5							4.5	2.8	Wellcraft35	2.8
4.7							4.7	3.2	Pursuit3100	3.2
4.8							4.8	3.2	Pursuit3000	3.2
4.8							4.8	3.2	Fountain38	3.2
4.8							4.8	3.5	SeaRay310	3.5
4.8							4.8	3.7	Tiara3100	3.7
5.0					5.0	2.9	5.0	3.2	Intrepid370	3.2

무게 (톤)	해수부 보트기준		해수부 요트기준		해수부 일반어선		국내 판매 요트/보트			최대 선폭 (m)
	무게	선폭	무게	선폭	무게	선폭	무게	선폭	모델명	
5.2							5.2	3.2	Mako333	3.2
5.2							5.2	3.5	OceanMaster34	3.5
5.4							5.4	3.4	Pro-Line 3250	3.4
5.4							5.4	3.4	Pro-Line33/34	3.4
5.5							5.5	3.5	Riviera3000	3.5
5.7							5.7	4.0	Tiara3200	4.0
6.0							6.0	3.4	Stamas320	3.4
6.1							6.1	3.2	Fountain38	3.2
6.1							6.1	3.7	Atlantic34	3.7
6.1							6.1	3.8	Tiara3300	3.8
6.3							6.3	3.8	Stamas340	3.8
6.7			6.7	3.5						3.5
6.8							6.8	3.7	Albin32+2	3.7
7.2			7.2	3.6			7.2	4.1	Tiara3600	4.1
7.5							7.5	4.1	SeaRay330	4.1
7.8			7.8	3.7						3.7
8.0					8.0	3.5				3.5
8.2							8.2	3.8	Albin35	3.8
8.4			8.4	3.8						3.8
8.5							8.5	4.0	Bertram36	4.0
8.7	8.7	3.8								3.8
9.1			9.1	3.9						3.9
9.8			9.8	4.1						4.1

무게(톤)	해수부 보트기준		해수부 요트기준		해수부 일반어선		국내 판매 요트/보트			최대 선폭(m)
	무게	선폭	무게	선폭	무게	선폭	무게	선폭	모델명	
9.9							9.9	4.3	Tiara 3700 Open	4.3
10.0					10.0	3.5				3.5
10.7			10.7	4.2						4.2
11.5			11.5	4.4						4.4
11.6	11.6	4.1								4.1
12.2							12.2	4.1	Bertram 38 Special	4.1
12.5			12.5	4.5						4.5
12.6							12.6	4.0	PRINCESS-V45	4.0
13.0					13.0	4.1				4.1
13.2							13.2	4.5	PRINCESS-V52	4.5
13.4	13.4	4.3								4.3
13.8							13.8	4.2	Hatteras39	4.2
14.0							14.0	4.2	PRINCESS-42	4.2
14.8			14.8	4.8						4.8
15.0					15.0	4.3				4.3
17.5			17.5	5.1			17.5	4.5	DYNA-52	5.1
18.3	18.3	4.9								4.9
19.0							19.0	4.6	PRINCESS-50	4.6
20.0					20.0	4.5				4.5
21.5	21.5	4.9								4.9
23.5							23.5	4.6	PRINCESS-54	4.6

무게 (톤)	해수부 보트기준		해수부 요트기준		해수부 일반어선		국내 판매 요트/보트			최대 선폭 (m)
	무게	선폭	무게	선폭	무게	선폭	무게	선폭	모델명	
23.5							23.5	4.6	PRINCESS-V58	4.6
23.5							23.5	5.0	PRINCESS-V62	5.0
26.0							26.0	4.8	PRINCESS-58	4.8
26.8							26.8	4.8	Princess-56	4.8
29.8	29.8	5.4								5.4
30.0					30.0	4.8	30.0	5.0	PRINCESS-62	5.0
30.5							30.5	4.8	Princess-60	4.8
34.0							34.0	5.0	Princess-64	5.0
40.0	40.0	5.7								**5.7**
42.0							42.0	5.4	PRINCESS-V72	5.4
47.5							47.5	5.7	PRINCESS-V78	**5.7**
50.0					50.0	5.2				5.2
58.0	58.0	6.3								6.3
60.0					60.0	5.6	60.0	6.3	PRINCESS-V85	6.3
70.0					70.0	6.2	70.0	6.3	PRINCESS-85	6.3
76.0	76.0	6.7								6.7
85.0	85.0	7.0								7.0
94.0							94.0	7.1	PRINCESS-95	7.1
100	100	7.1								7.1

○ 국내 보트/요트의 선폭(m)-총톤수(ton) 분석표

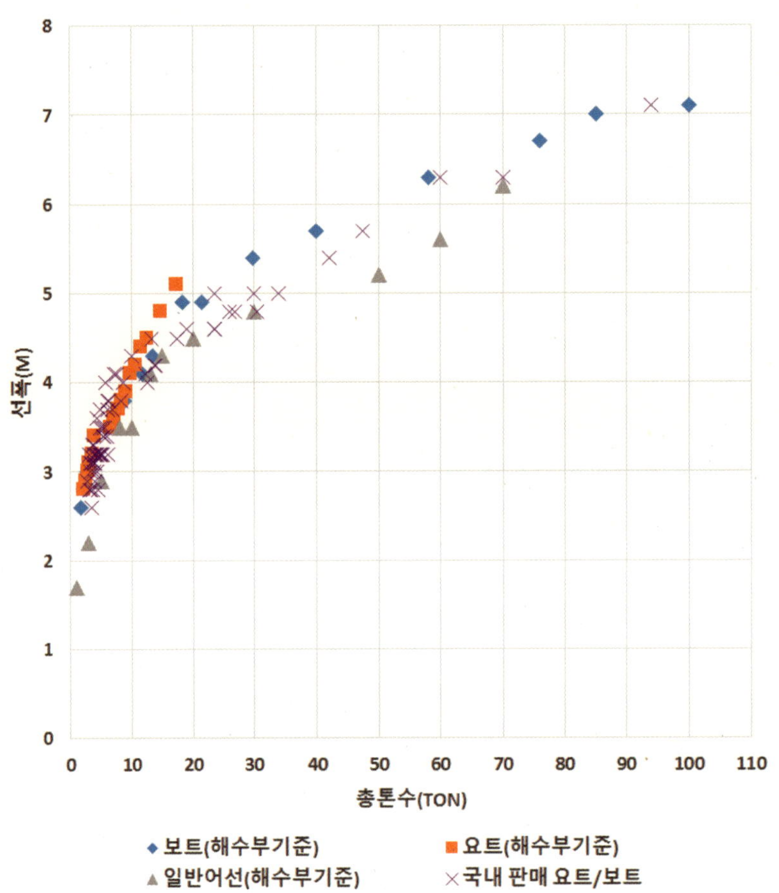

3-2. 국내외 요트 및 범선 제원

1) 요트 제원

구분	모델명	높이 (m)	전장 (m)	총 톤수 (t)	선폭 (m)	깊이 (흘수) (m)	탑승 정원 (명)	최대 속도 (노트)
1	POINTER 25	10.8	8	2	2.5	1.1		
2	카타리나30	12.0	9	5	3.3	1.6		29
3	HUNTER E33	13.6	10	6	3.5	1.7		
4	CHEOY LEE41	13.9	12	10	3.9	1.8		
5	듀포335	14.1	11	5	3.5	1.5		
6	프랑스 듀포 365	15.0	11	6	3.6	1.9		28
7	CRUISER41	15.4	12	9	4.0	2.1		
8	LH-T1	15.5	10	6	3.5	1.4	10	29
9	PORTSMOUTH 48	15.9	15	16	4.6	1.8		
10	ALLURES 40	16.0	13	9	4.1	2.6		
11	CATALINA (MARGAN)50	16.0	15	16	4.5	1.7		
12	DIANA	16.4	12	10	5.0	1.7		39
13	HALLBERG-RASSY 372	17.5	11	8	3.6	2.0		
14	Beneteau SUNODYSSEY42I	17.5	13	8	4.1	2.1		
15	CONTESSA 33	17.9	10	4	3.4	1.8		
16	Dufour 36 classic	18.0	10	7	3.7	1.7	12	25
17	JEANNEAUSUN LEGENDE41	18.2	13	7	4.0	2.0		36
18	에탑 35i	18.5	11	5	3.5	1.6		
19	NORDIC FAMILY BOAT	18.6	9	3	2.7	1.6		
20	ELAN 450	19.0	14	11	4.4	2.3		

구분	모델명	높이 (m)	전장 (m)	총 톤수 (t)	선폭 (m)	깊이 (흘수) (m)	탑승 정원 (명)	최대 속도 (노트)
21	J/108	19.1	11	5	3.5	2.1		
22	말로우 헌터 33	19.8	10	6	3.5	1.4		29
23	DEHLER 38	20.0	11	7	3.8	2.0		
24	CENTURION 57	20.0	17	18	5.0	2.5		
25	DEHLER 32	20.3	10	4	3.3	1.7		
26	COTOLINE44	21.4	12	7	4.0	2.2		
27	Grand Soleil 42	21.5	13	9	4.1	2.0		
28	FARR 400	21.9	12	4	3.4	2.9		
29	J-32	22.0	10	5	3.4	1.8		27
30	CORBY 33	23.0	10	4	3.0	2.2		
31	타야나37	23.0	11	10	3.5	1.7		44
32	PRIMA 38	23.9	12	6	3.8	2.5		
33	HANSE 630	24.0	19	24	5.2	3.0		110
34	COLOMBIA 32 SPORT YACHT	26.0	10	19	3.0	2.1		
35	FARR67	26.0	20	20	5.0	4.0		26
36	ADVANCED66	27.6	21	24	5.4	3.2		
37	ADVANCED 44	28.0	14	7	4.3	3.0		
38	CLIPPER70	29.4	23	32	5.6	3.0		
39	SWAN86	29.4	26	50	6.2	3.7		
40	11METER	30.0	10	16	2.5	1.8		
41	WALLY80(FARR)	30.6	24	35	6.0	4.0		
42	FLYING TIGER 10M	32.0	10	20	2.8	2.3		
43	CONCORDIA47	33.0	14	8	4.2	2.9		
44	LAGOON650	33.5	19	35	9.7	1.5		22
45	GP40ROMA	34.0	13	4	3.9	2.6		29

SWAN86 WALLY80(FARR)

CLIPPER70 ADVANCED66

○ 요트의 높이(m)-전장(m) 분포표

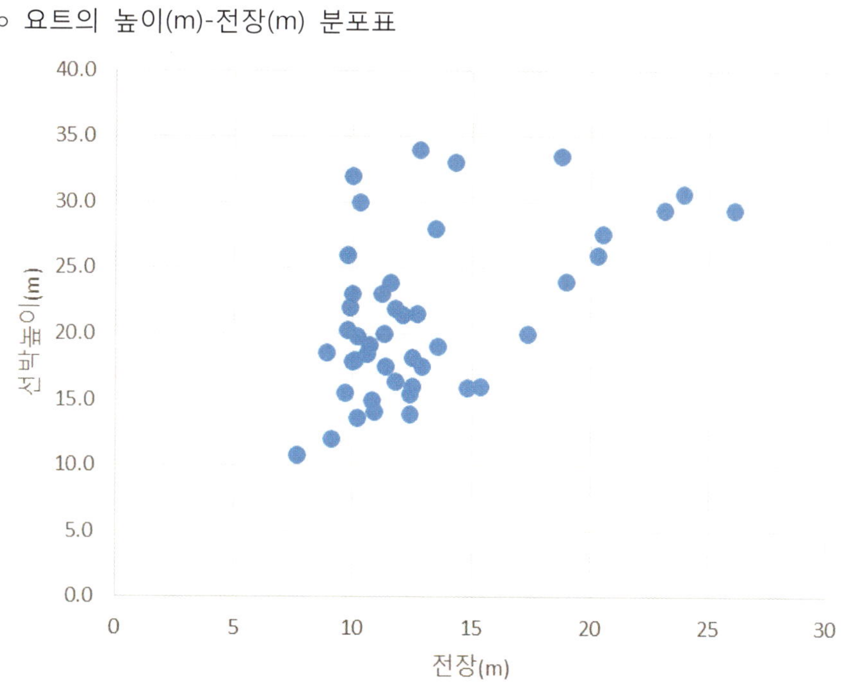

마리나 클러스터 내항 통항 위한 기준 높이는 EL+27.0m이다.

2) 국내외 범선 제원

구분	모델명	전장 (m)	높이 (m)	총 톤수 (t)	폭 (m)	깊이 (m)	탑승 정원 (명)	최대 속도 (노트)
1	비범	31.0	26.0	106	8.0	2.5	62	6
2	코리아나	41.0	33.0	135	6.6	2.9	72	9
3	동경AKOCARE	52.2	30.0	362	8.6	4.5	98	12
4	칸코마루	65.8	32.0	353	14.5	4.2	90	11
5	나제쥬다	108.6	49.5	2,984	14.0	7.0	180	16
6	팔라다	109.4	49.0	2,987	14.0	7.0	180	16
7	닛폰마루	110.0	50.0	2,570	13.8	6.6	190	15

버범(FEIFAN) 호(일본)

코리아나 호(한국)

칸코마루(관광환) 호(일본)

동경AKOGARE 호(일본)

닛폰마루 호(일본)

나제쥬다 호(러시아)

○ 범선의 높이(돛 포함, m)-전장(m) 분포표

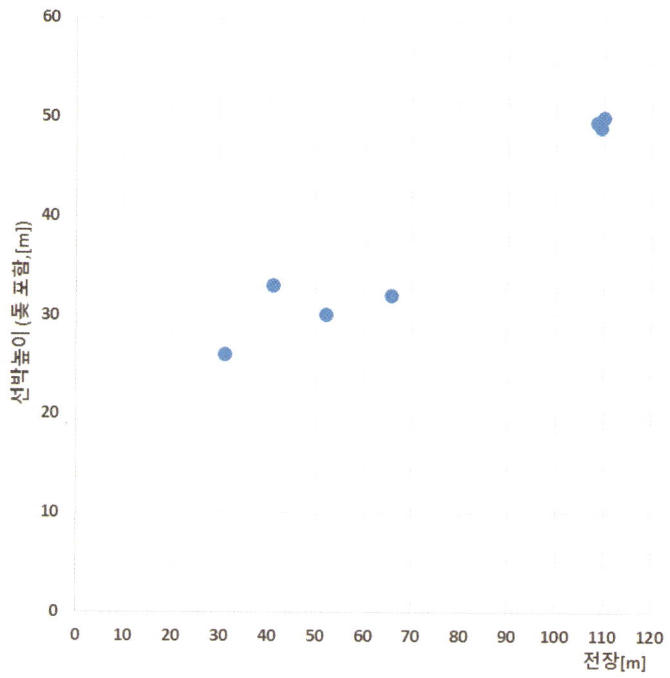

소형 범선의 통항을 위한 교각의 최소 높이는 EL+35.0m이다.

3) 카타마란 제원

구분	모델명	전장(m)	선폭(m)	총톤수 (ton)
1	SKATING AWAY	10.4	4.3	4.8
2	jacks cat	10.4	4.3	4.3
3	ALBATROSS JR	10.4	4.3	4.8
4	PowerCat45	13.7	7.1	19.0
5	LeBretonSIG45	13.7	8.4	10.5
6	THE LAZY SUSAN	14.3	7.6	16.6
7	THREE LITTLE BIRDS	15.2	8.5	18.8
8	HULL 22	15.9	8.6	28.3
9	SailCat55	15.8	8.3	32.0
10	KD S2	16.8	7.8	24.0
11	MALA	17.4	9.1	15.4
12	Allia I	17.8	9.3	19.5
13	GLAZMOR	18.3	7.6	27.6
14	LUAR	18.6	9.2	28.0
15	NO NAME	18.9	9.8	27.6
16	MOONSTONE	18.9	9.1	41.0
17	SailCat62	18.9	9.2	48.0
18	63ft catamaran	19.3	9.9	28.8

Latitude 38's 63ft catamaran

Moonstone catamaran

○ 카타마란의 총톤수(ton)-선폭(m) 분포표

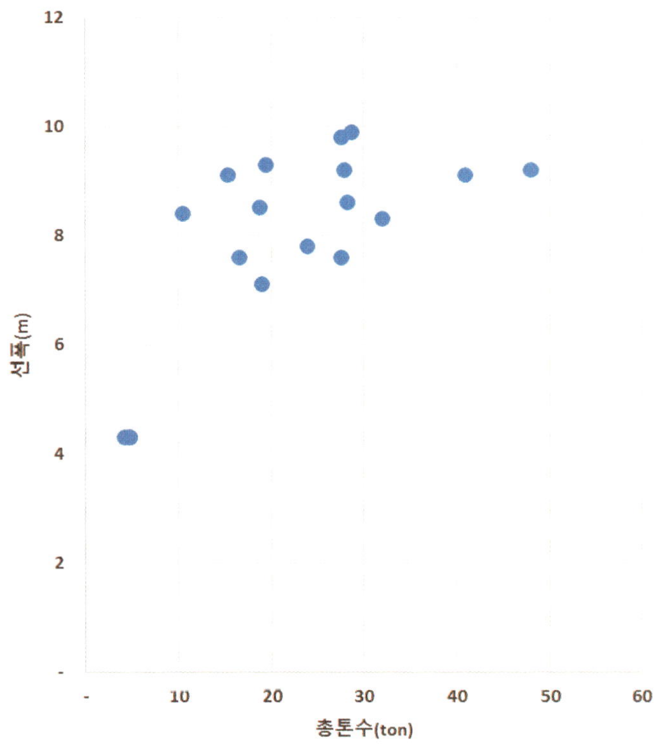

4) 슈퍼요트 제원

구분	모델명	전장(m)	선폭(m)	총톤수 (t)	승객정원 (명)	최대속도 (노트)
1	Benetti 197	17.5	5.0	35.0		48
2	Fortuna	25.0	6.2		10	30
3	Nakupenda	25.0	5.8	33.0		
4	Miredo	25.6	5.9		8	
5	Malvasia	26.0	6.9		10	
6	The Next Episode	26.0	6.2	85.0		
7	La Pausa	26.2	6.9		11	15
8	Bel Mare	26.5	8.4		6	
9	High Energy	27.0	6.4		8	28
10	Aurastel	27.4	6.4	73.0		
11	Solaris	27.4	6.4		10	46.3
12	Enzo	28.3	6.6		7	34
13	Geni	28.3	6.6	80.0		
14	Wind of Change	29.0	6.6		6	13
15	Inspiration B	29.8	7.1	176.0	12	27
16	Sandy	29.8	6.9	90.0		
17	경기바다호	30.8	6.8	129.0		
18	Sunseeker Predator 108	32.9	6.2	155.0		33
19	Benetti Classic	36.5	7.7	260.0		15
20	DIVINE	39.9	8.2	187.0	10	23
21	Sanlorenzo	45.7	10.6	425.0		17
22	GENESI	46.0	8.6	355.0	11	14
23	SIBELLE	50.0	9.0	499.0		19

Benetti 197

Sunseeker Predator 108

Benetti Classic

Sanlorenzo

GENESI

경기바다호

DIVINE

GENI

○ 슈퍼요트의 총톤수(ton)-선폭(m) 분포표

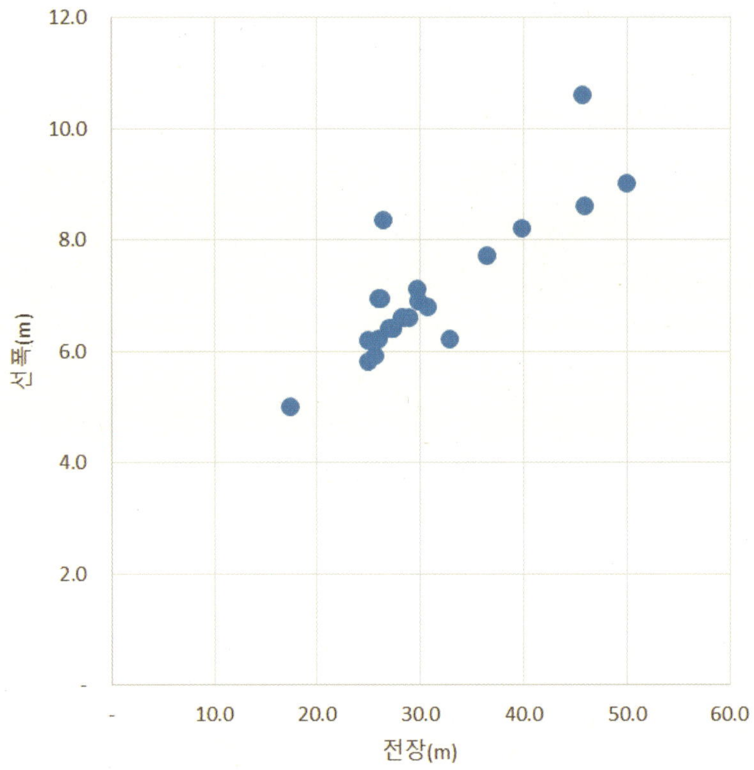

슈퍼요트, 카타마란, 범선의 계류 위한 마리나 클러스터 도크의 최소폭은 11.0m이다.

5) 국내·외 요트 보트 등 선폭 길이 중량 비교 분석 데이터

코마린은 해양수산부의 보트, 요트, 일반어선의 무게에 대한 선폭 기준과 국내 판매중인 요트 및 보트의 무게 및 선폭 기준을 종합적으로 비교분석했다.

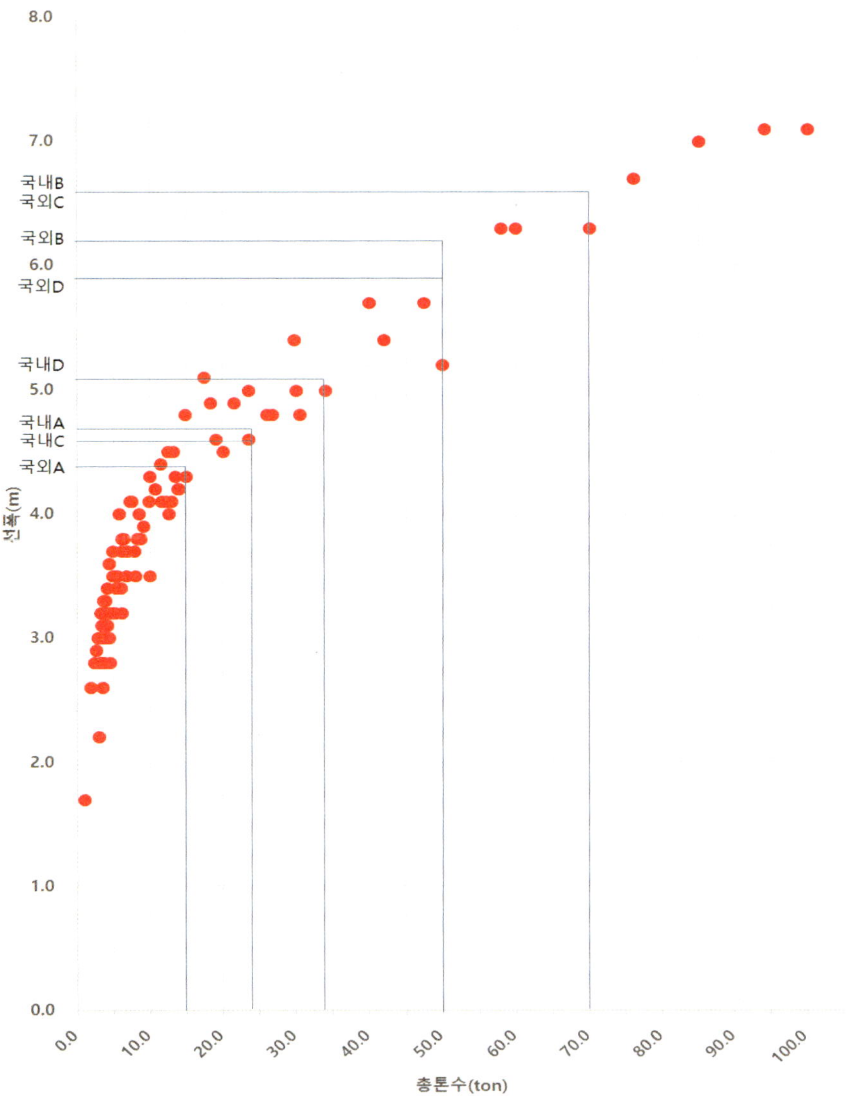

이 결과를 바탕으로 인양가능 폭을 설정하고 수입 장비와의 차이를 비교했으며 각 톤수 별로 도크레일의 폭(크기)과 길이 등을 확정했다.

3-3. 해상계류장-육상계류장 계류 척수 비교

국내·외 주요 마리나의 정온수역 면적과 해상계류가 가능한 선석을 비교 분석하였다.

1) 국내 주요 마리나

▸ 수영만 요트경기장(부산)

○ 정온수역 면적 : 86,642㎡(26,255평)

○ 해상계류 선석 : 293척 육상:155척

○ 1척 당 해상 면적 : 89평/척

▸ 왕산 마리나(인천)

○ 정온수역 면적 : 103,377㎡(31,326평)

○ 해상계류 선석 : 266척 육상:34척

○ 1척 당 면적 : 117평/척

▸ 전곡 마리나(경기)

○ 정온수역 면적 : 20,599㎡(6,242평)

○ 해상계류 선석 : 70척

○ 1척 당 면적 : 79평/척

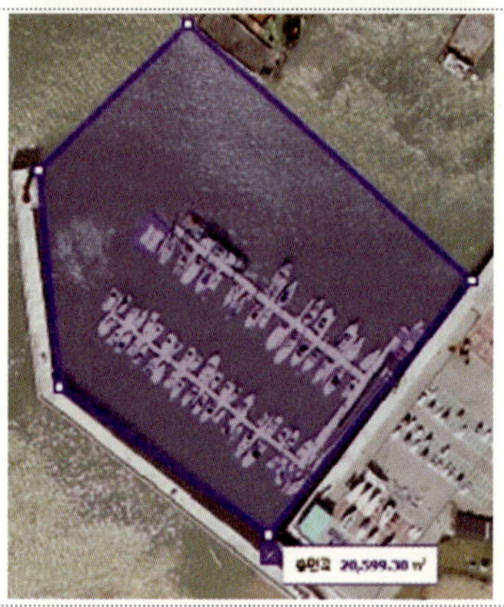

- 아라 마리나(김포)
  - 정온수역 면적 : 42,000㎡(12.705평)
  - 해상계류 선석 : 136척
  - 1척 당 면적 : 93평/척

- 목포 요트 마리나(목포)
  - 정온수역 면적 : 10,160㎡(3,073평)
  - 해상계류 선석 : 32척
  - 1척 당 면적 : 96평/척

- 서울 마리나(한강)
  - 정온수역 면적 : 10,623㎡(3,213평)
  - 해상계류 선석 : 40척
  - 1척 당 면적 : 80평/척

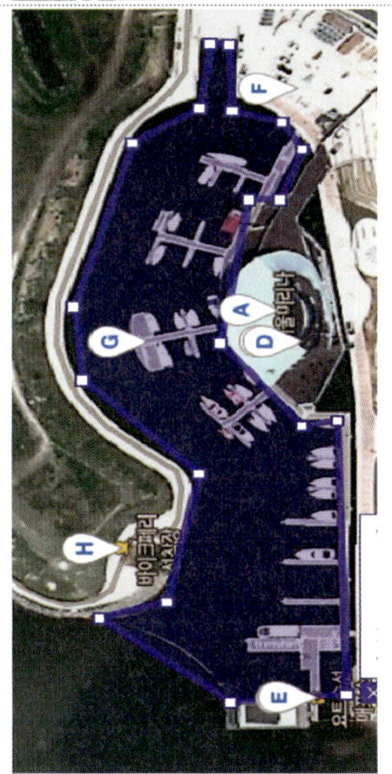

2) 국외 주요 마리나

- Success Boat Harbour
  - 지역 : 호주 Perth
  - 정온수역 면적 : 535,310㎡(161,931평)
  - 해상계류 선석 : 1,188척
  - 1척 당 면적 : 136평

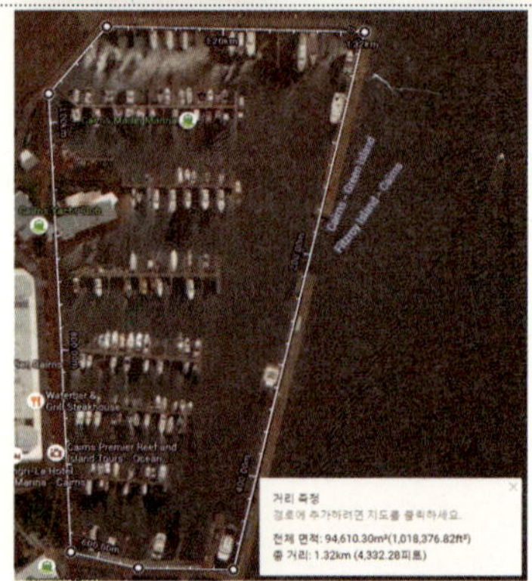

- Cairns Marlin Mariana
  - 지역 : 호주 Cairns
  - 정온수역 면적 : 94,610㎡(28,620평)
  - 해상계류 선석 : 227척
  - 1척 당 면적 : 126평

- Pulpit Point Marina
  - 지역 : 호주 Sydney
  - 정온수역 면적 : 19,276㎡(5,831평)
  - 해상계류 선석 : 102척
  - 1척 당 면적 : 57평/척

- Oceanside Marina
  - 지역 : 미국 Miami
  - 정온수역 면적 : 19,276㎡(5,831평)
  - 해상계류 선석 : 102척
  - 1척 당 면적 : 57평/척

- Coyote Point Marina
  - 지역 : 미국 San Francisco
  - 정온수역 면적 : 123,931㎡(37,489평)
  - 해상계류 선석 : 667척
  - 1척 당 면적 : 56평/척

- Chula Vista Marina
  - 지역 : 미국 San Diego
  - 정온수역 면적 : 180,759㎡(54,680평)
  - 해상계류 선석 : 1025척
  - 1척 당 면적 : 53평/척

- Liberty Landing Marina
  - 지역 : 미국 New York
  - 정온수역 면적 : 79,636㎡(24,090평)
  - 해상계류 선석 : 535척
  - 1척 당 면적 : 45평/척

- 31st Street Harbor
  - 지역 : 미국 Chicago
  - 정온수역 면적 : 207,448㎡(62,753평)
  - 해상계류 선석 : 1014척
  - 1척 당 면적 : 62평/척

- Touristic Port of Rome
  - 지역 : 이탈리아 Rome
  - 정온수역 면적 : 139,933㎡(42,330평)
  - 해상계류 선석 : 763척
  - 1척 당 면적 : 55평/척

- Capitainerie de la Grande Motte
  - 지역 : 프랑스 Montpellier
  - 정온수역 면적 : 200,635㎡(60,692평)
  - 해상계류 선석 : 1405척
  - 1척 당 면적 : 43평/척

- Chaffers Dock
  - 지역 : 뉴질랜드 Wellington
  - 정온수역 면적 : 38,090㎡(11,522평)
  - 해상계류 선석 : 180척
  - 1척 당 면적 : 64평/척

- Royal Harbour Marina
  - 지역 : 영국 London
  - 정온수역 면적 : 44,726㎡(13,530평)
  - 해상계류 선석 : 378척
  - 1척 당 면적 : 36평/척

- Dàrsena Nacional
  - 지역 : 스페인 Barcelona
  - 정온수역 면적 : 70,675㎡(21,379평)
  - 해상계류 선석 : 440척
  - 1척 당 면적 : 49평/척

- Shin Nishinomiya yacht harbor
  - 지역 : 일본 고베
  - 정온수역 면적 : 284,225㎡(85,978평)
  - 해상계류 선석 : 510척
  - 1척 당 면적 : 169평/척

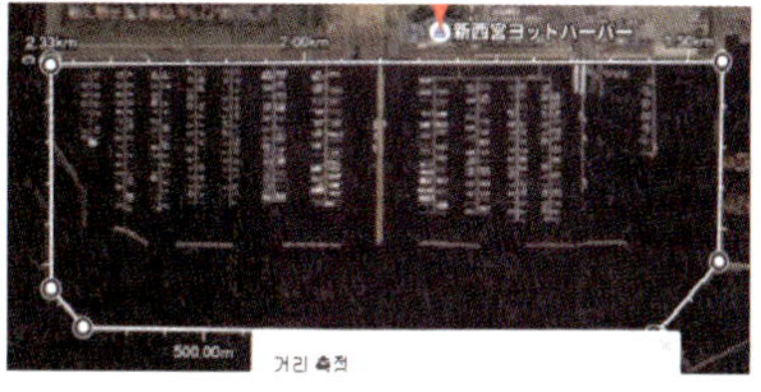

- Ashiya marina
  - 지역 : 일본 아시야
  - 정온수역 면적 : 76,614.5㎡(23,175평)
  - 해상계류 선석 : 180척
  - 1척 당 면적 : 116평/척

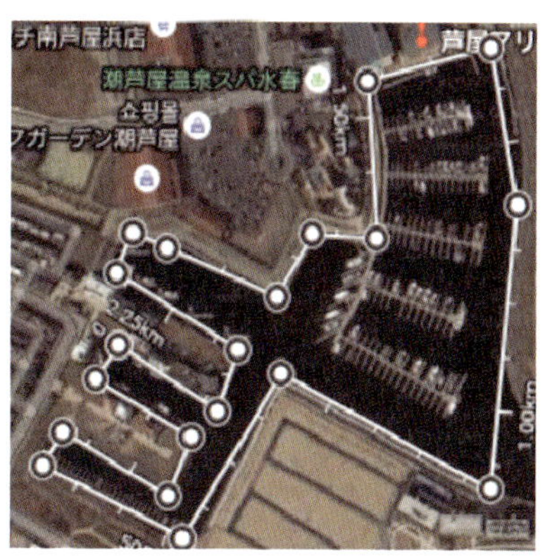

3) 국내외 마리나 해상계류장 척당 소요면적 비교

국가	지역	마리나명	면적(m²)	평	선석	평/척
한국	부산	수영만 요트경기장	86,642	26,255	293	89
한국	인천	왕산 마리나	103,377	31,326	266	117
한국	경기	전곡 마리나	20,599	6,242	70	79
한국	경기	아라 마리나	42,000	12.705	136	93
한국	전남	목포 마리나	10,160	3,073	32	96
한국	서울	서울 마리나	10,623	3,213	40	80
호주	Perth	success boat harbour	535,311	161,932	1,188	136
호주	Cairns	Cairns Marlin Mariana	94,610	28,620	227	126
호주	Sydney	Pulpit Point Marina	15,562	4,707	128	37
미국	Miami	Oceanside Marina	19,276	5,831	102	57
미국	San Francisco	Coyote Point Marina	123,931	37,489	667	56
미국	San Diego	Chula Vista Marina	180,759	54,680	1,025	53
미국	New York	Liberty Landing Marina	79,636	24,090	535	45
미국	Chicago	31st Street Harbor	207,448	62,753	1,014	62
이탈리아	Rome	Touristic Port of Rome	139,933	42,330	763	55
프랑스	Montpellier	Capitainerie de la Grande Motte	200,635	60,692	1,405	43
뉴질랜드	Wellington	Chaffers Dock	38,089	11,522	180	64
영국	London	Royal Harbour Marina	44,725	13,529	378	36
스페인	Barcelona	Dàrsena Nacional	70,675	21,379	440	49
일본	고베	Shin Nishinomiya yacht harbor	284,225	85,978	510	169
일본	아시야	Ashiya marina	76,614	23,175	180	116

국내.외 마리나 해상 계류장의 척당 평균 수역 면적은 74.0평이다.

마리나에서 LIFT의 역할

제4장 리프트의 필요성

4-1. 위험 구역과 파도의 영향

○ 태풍과 파도의 영향

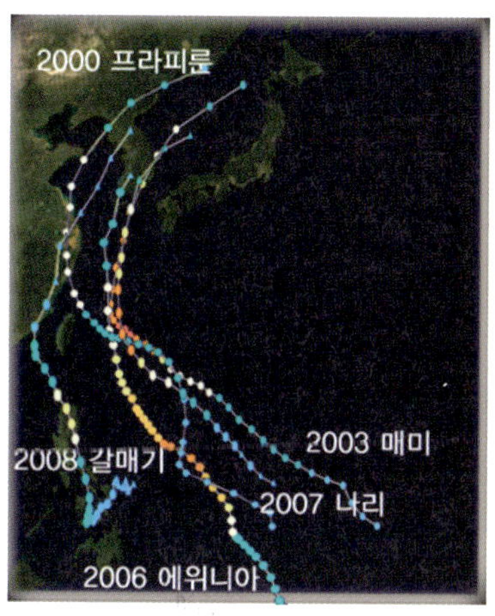

2008년 01월~2011년 10월 46개월 통계((주)코마린)

지역	구분	46개월 합	평균	비고
속초	평균온도	1099.2	12.8도	
	태풍풍랑경보 횟수	18.0	0.19회/월	
	풍랑주의보 일수	274.5	3.1일/월	37.2일/1년
부산	평균온도	1300.4	15.16도	
	태풍풍랑경보 횟수	20.0	0.22회/월	
	풍랑주의보 일수	250.4	2.84일/월	34.0일/1년
제주	평균온도	1371.3	16.0도	
	태풍풍랑경보 횟수	40.0	0.43회/월	
	풍랑주의보 일수	349.0	3.98일/월	47.7일/1년

1) 파도에 의한 파손

○ 양포항(2011년) 폰툰 파손

○ 완도항(2013년) 폰툰 파손 및 유실

○ 동백섬 인근 (2016년 폰툰 파손 및 유실)

2) 국내 요트, 보트, 어선 등을 인양하는 방법(장비 기준)

육상 크레인(수영만 요트경기장)	고정식 크레인(목포마리나)

어선전용 인양기 5ton	육상 크레인(아산만)

모바일 리프트를 이용한 인양. 진수 방법 (강원 양양 수산항 마리나)	포크 리프트를 이용한 인양. 진수 방법 (속초 코마린)

3) 장비별 운용 현황

장비 분류	사진	사용용도	현재 주요 사용 장소
고정식		요트, 보트의 인양, 진수	목포 1곳
육상 크레인		요트, 보트, 어선 등의 피항이나 수리	대부분의 마리나, 어항등에서 사용중인 인양 방법
마린 모바일 리프트		요트, 보트의 인양, 진수	수산항, 전곡항, 아라마리나 외 4곳
마린 포크 리프트		요트, 보트의 인양, 진수	속초코마린 1곳
어선 인양기		어선의 인양, 진수	대부분의 어항에 지자체에서 설치

4) 마리나의 장비-위험 구역 구분

마리나의 위치는 자연조건, 사회조건, 경제성, 접근성 등을 고려한 다음에 마리나 입지의 적합성, 보트의 운항 적정성, 마리나 시설의 건설 적정성 등을 평가하고 결정할 필요가 있다.

마리나 항만시설은 수역시설, 외곽시설, 계류시설, 상하가 시설, 지원시설, 육상보관시설, 임항교통시설 외에 관리· 운영시설이 있다.

마리나 시설의 배치는 보트 이용자의 동선 또는 안전성을 충분히 검토할 필요가 있다. 또한 장래의 발전가능성에 대해서도 충분히 고려하고 여유시설과 공간 등을 확보하는 것이 바람직하다.

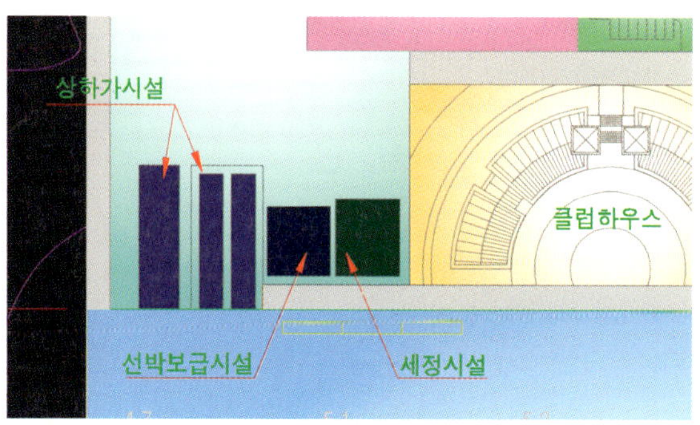

마리나 시설 배치의 잘못된 예

급유시설, 상하가시설, 세정시설, 육상보관시설 및 해양레포츠 시설을 구분하여 이용자의 동선 및 작업의 안정성을 고려해야 한다.

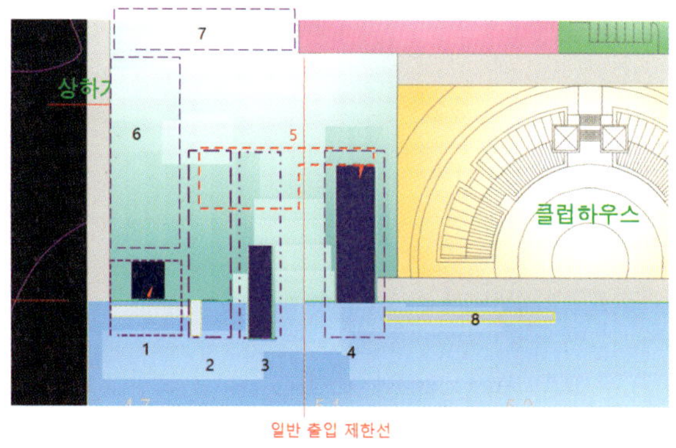

작업 및 동선을 고려한 구역 구분(예)

ㅇ 1구역 : 급유구역

- 휘발유 12,500리터 탱크, 경유 12,500리터 탱크, 육상 주유기 설치
- 월 판매 : (성수기) 휘발유 15,000리터, 경유 10,000리터 예상
- 동시 계류 : 2척
- 해양환경관리 : 청항선(1척) 계류

ㅇ 2구역 : 상하가 구역(마린 포크 리프트)

- 상하가 성능 : 10톤 (-3.1미터)
- 설치환경 : 스토퍼 설치, 직벽 항만 구간, 폰툰
- 폰툰 필요이유 : 이용자 승·하선 및 인양 시 중심 잡는데 필요

ㅇ 3구역 : 상하가 구역(마린 모바일 리프트)

- 상하가를 위해 항만에 리프트 피어를 설치해야하며, 리프트 피어의 규격은 상하가 가능 선박의 최대 선폭을 고려하여 설치
- 상하가 성능 : 50톤
- 선폭 기준 : 6.0m
- 항만(리프트 피어)의 폭 : 6.1m
- 리프트 피어의 길이 : 20.0m
- 설치환경 :
  - · 타이어 스토퍼 및 안전 레일 별도 설치
  - · 해상 부분에 운항자 하선 공간 필요
  - · 육상부에 "ㄷ"자 모양으로 인양공간(리프트 피어) 설치 시 운항자 승하선 장소가 없으므로 불편,

육상과 해상에 ½ 씩 리프트 피어(돌핀)를 설치하여 불편 해소, 해상 리프트 피어 부분에 운항자 하선 장소 설치.

○ 4구역 : 개인 상하가 구역(슬립웨이)
- 슬립웨이 딩기, 카약, 개인 파워보트, 고무보트 등 상하가 구간
- 일반인 자유 이용
- **초중고 해양레저 체험교실 등 해양교육 공간 제공**

ㅇ 5구역 : 세정 구역
- 세정시설 : 민물을 이용한 해수 제거 및 희석
- 별도의 민물 저류 및 저장조 필요

ㅇ 6구역 : 수리 구역
- 요트, 보트의 외부 계류 구역 및 간단 수리 구역

○ 7구역 : 아파트형 육상계류장 설치 구역

○ 8구역 : 관공선 및 관리선, VIP 계류 구역

5) 해양산업과 마리나 산업 발전 방향

관광산업의 발전과 안전한 해양레저를 위해서는 마리나와 관련 산업을 한곳에서 할 수 있는 마리나 클러스터의 개발이 필요하다. 여기에는 체류형 관광지로서의 역할도 하기 때문에 각 지자체에서는 관심이 필요하다.

○ 호주 퀸즈랜즈 주 마리나 산업단지(약 25만평)

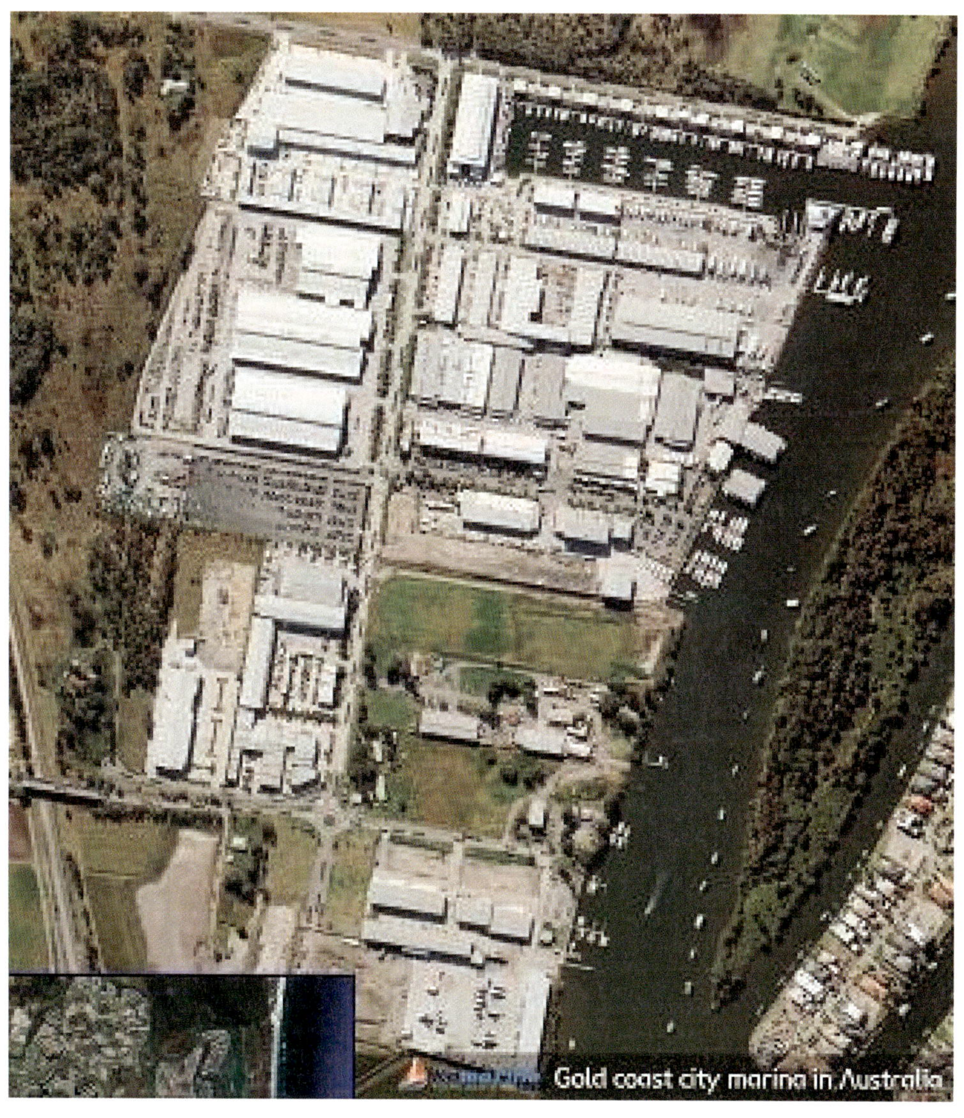

ㅇ 마리나 클러스터 조성 예시

제5장 리프트의 종류

○ 마린 모바일 리프트

해수면에 있는 요트 보트 등을 돌핀을 이용하여 바다로 진입하여 슬링벨트를 수중에 내린 상태에서 요트가 돌핀의 중앙으로 진입하면 유압을 작동하여 인양하고 지면까지 인양 후 원하는 장소로 이동이 가능한 장비이다.

○ 마린 포크 리프트

해수면에 있는 요트 보트 등을 인양하기 위하여 안벽에 설치된 전도방지 스토퍼까지 진입하여 후크를 해수면 아래 수중까지 하강 후 요트 진입하고 유압을 작동하여 인양 후 육상 계류장의 지면 또는 시설물의 원하는 층까지 적재가 가능한 장비이다.

모든 인양 장비는 마리나 방문자나 이용자 또는 근무자의 동선을 고려하여 합리적인 장소에 배치되어야 한다.

또 장비의 이동 공간은 장비의 자중과 최대 인양 무게를 더한 값의 1/4 이상을 견딜 수 있는 구조이어야 한다.

5-1. 마린 모바일 리프트(Marine Mobile Lift)

1) 정의

사용현장에서는 리프트(Lift), 호이스트 크레인(Hoist crane), 스트래들 호이스트(Straddle hoist) 등의 용어가 혼용되고 있으나, 운항하는 보트, 요트 등의 선박을 육상에서 보관 또는 수리 등 관리를 위해 해상(Marine)의 정박지 또는 선유장으로부터 들어 올리거나(上架) 내리기(下架)위한 이동형(Mobile) 승강(Lift)장비이다.

2) 구성요소

o 파워유닛(Power unit)

엔진 프레임 위에 엔진, 유압펌프, 유압장치, 유압오일탱크가 탑재된다.

o 호이스트 윈치(Hoist winch)

유압장치로부터 유압유를 공급받아 윈치에 부착된 유압모터를 회전시켜 감속기를 거쳐 드럼이 회전되고 드럼에 감긴 로프가 감기거나 풀린다. 또한 과권화 방지를 위해 드럼의 와이어 로프의 잔여권수가 3권이 항상 유지되는 특수한 형태의 드럼구조를 가지고 있으며, 잔여권수가 3권에 도달하면 자동적으로 윈치의 권하 동작이 차단된다.

ㅇ 주행장치(Travelling)

유압장치로부터 공급된 유압유가 주행용 유압모터를 회전시켜 플랜지와 조립된 림과 타이어가 회전하면서 주행구동력을 얻게 된다. 비상상황 발생 시 주행 유압모터의 회를 차단해 정지시키는 솔레이노드 비상정지 밸브가 구비되어 있다.

ㅇ 조향장치(Steering)

조향차륜의 내측 기준 조향각을 약 90°로 회전시켜 최소회전반경을 약 9.9m까지 줄일 수 있다. 운전석에 있는 핸들을 조작하여 원하는 회전반경과 조향각을 제어할 수 있다.

ㅇ 횡행장치(Trolley)

좌우 거더 상부에 있는 횡행레일(I-Beam)에 조립되어 그 위를 횡행하며 전·후 횡행장치 간격을 최소 3m에서 최대 7m까지 조절할 수 있다. 각 횡행장치 프레임에는 각각의 시브블록(Sheave block)이 핀으로 조립되어 후크(Hook)의 회전각도에 따라 자동으로 회전하여 권상 로프의 감김 상태를 일정하게 유지시켜 준다.

ㅇ 후크(Hook)

횡행장치 시브블록과 권상로프에 의해 각각 연결되며, 상하가 하중에 따라 필요한 슬링벨트(Sling belt)의 로프수를 선정할 수 있다.

ㅇ 슬링벨트(Sling belt)

상하가시 선박의 밑면에서부터 수직방향으로 후크까지 연결하는 줄로써 선박의 중량에 따라 와이어 로프와 셔클(Shackle)을 선정해야 한다.

ㅇ 조종석(Cabin)

하부 빔 끝단에 설치되며, 운전자가 모바일 리프트의 조작이 용이하도록 각종 조작레버, 조작핸들, 계기판, 램프, 과부하 방지 모니터 등이 부착된다.

o 전기장치(Electric system)

엔진으로부터 생산된 전기를 공급받아 과부하 방지장치, 비상정지장치, 부저 등을 제어하기 위한 컨트롤 패널과 전기배선으로 구성된다.

o 구조물(Structure)

주행 프레임, 하단빔(Lower beam), 수직빔(Vertical beam), 거더(Girder)로 구성되어있다.

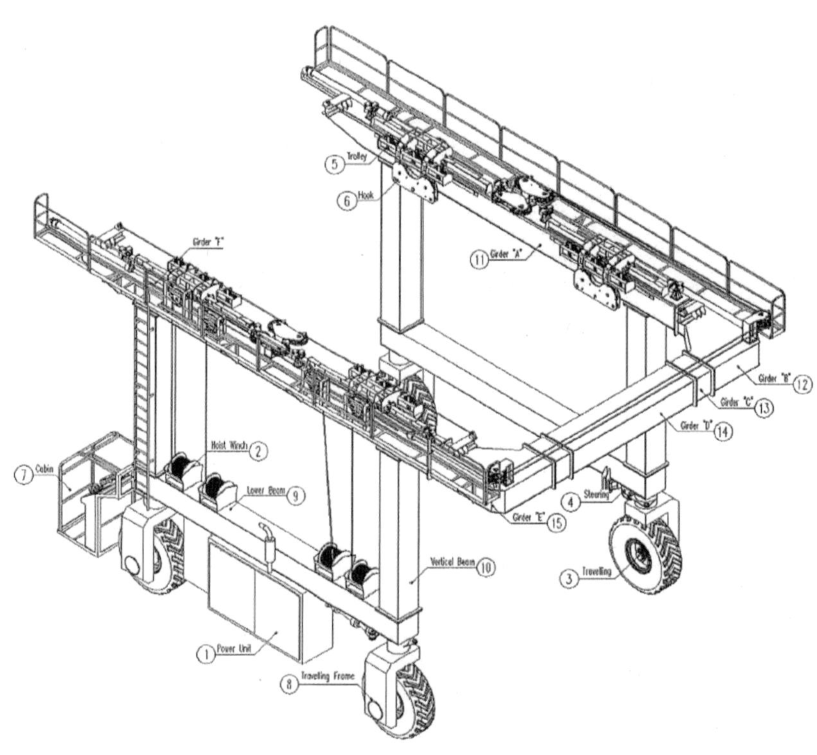

3) 국내외 적용 사례

▸ 국내 사례

전국 29개 마리나 중 이동형 상하가 장비가 구비된 6곳의 마리나에서 마린 모바일 리프트를 운영(예정) 중에 있다.

○ 수산 마리나

- 양양군 수산항에 위치한 수산 마리나는 이동식 리프트 1식 운영
- 세일크루저, 파워보트 등의 계류가 가능하며, 슬립웨이, 급전 및 급수 시설 등 구비
- ㈜카네비컴의 35톤 마린 모바일 리프트 운용하고 있으며, 상하가와 육상계류장으로 이동을 동시해 수행 가능함.
- 케빈에서 핸들 형식으로 주향을 조종하며, 버튼 및 스위치 형식으로 상하가 수행

○ 아라 마리나

- 김포시 아라뱃길에 위치한 아라 마리나는 이동식 리프트 1식 운영
- 세일크루저, 파워보트 등의 계류가 가능하며, 슬립웨이, 급전 및 급수 시설 등 구비
- 별도의 수리 및 정비시설이 구비되어 있으며, 요트학교가 운영 중
- 이탈리아 Eden Technology사의 35톤 마린 모바일 리프트 운용하고 있으며, 상하가와 육상계류장으로 이동을 동시해 수행함.
- 별도의 Jib크레인을 이용하여 마린 모바일 리프트 점검 등에 이용
- 케빈이 Low beam상단에 맞춰서 설치되어 사다리를 이용해서 출입해야 하며, 별도의 무선조종기가 있음.
- 조이스틱 형식으로 주향을 조종하며, 버튼 및 스위치 형식으로 상하가 수행

○ 왕산 마리나

- 인천 영종지구에 위치한 왕산 마리나는 이동식 리프트 1식 보유
- 요트 및 보트 등 300척을 댈 수 있는 계류시설과 선박주유소 및 수리소가 갖춰짐.
- 미국 Marine Travelifty사의 35톤 마린 모바일 리프트 운용하고 있으며, 상하가와 육상계류장으로 이동을 동시해 수행함.
- 별도의 Jib크레인을 이용하여 마린 모바일 리프트 점검 등에 이용
- 케빈이 밀폐형으로 구성되어 있으며 조이스틱 및 스위치 형식으로 운용

○ 전곡 마리나

- 경기 화성시에 위치한 전곡 마리나는 이동식 리프트 1식 운영
- 최대전장 16.8m의 선박까지 계류가 가능하며, 레저용 기반시설 사용승인 신청으로 계류시설 이용 가능
- 미국 Marine Travelift사의 25톤 마린 모바일 리프트 운용하고 있으며, 상하가와 육상계류장으로 이동을 동시에 수행함.
- 케빈이 개방형으로 구성되어 있으녀 휠 형식으로 조종하며 스위치 형식으로 상하가 등의 호이스트 작업 운용

○ 세포요트계류장

- 전남 여수 화양면에 위치한 세포요트계류장은 이동식 리프트 1식과 고정식 리프트 1식 보유
- 보트 등 소형선박의 수리 및 관리를 위해 상하가 시설을 운영함.

- 이탈리아 ASCOM사의 50톤 마린 모바일 리프트 운용하고 있으며, 상하가와 육상계류장으로 이동을 동시해 수행
- 마린 모바일 리프트의 이동, 상하가 등 모든 조작이 무선조종기로만 이뤄짐.

○ 김녕 마리나

- 제주 김녕항에 위치한 김녕 마리나는 이동식 리프트 1식 운영
- 김녕 요트 마리나는 가장 최근에 모바일 리프트를 설치하였으며, 국내 운영 중인 상하가 시설 중 유일하게 카타마란의 상하가 가능
- 이탈리아 ASCOM사의 50톤급 마린 모바일 리프트 운용하고 있으며, 상하가와 육상계류장으로 이동을 동시 수행
- 카타마란의 상하가도 가능한 12m이상의 내부폭으로 제작
- 슬립웨이에서도 동작이 가능하도록 제작되어 엔진, 호이스트 등이 모두 하단빔(Lower beam)상부에 위치

▸ 국외 사례

전 세계의 마리나 산업을 선도하는 국가인 미국, 호주, 유럽 등에서는 높은 국민소득과 발달된 수로 및 강 하구로 인하여 해양레저산업이 발달해 있고, 마리나에서 상하가 장비로 가장 많이 사용하는 것이 마린 모바일 리프트이며 호주 퀸즈랜드의 골드코스트시티 마리나(해상계류시설 160척, 육상 계류시설 250척)의 경우 5대까지 운영한다.

해외의 마린 모바일 리프트는 인양 가능 최대 크기가 1,000톤을 초과하는 다양한 사양으로 제작 및 운영되고 있으며, 대형 마린 모바일 리프트를 운영하는 이유는 조선 산업이 발달하지 않아 육상 수리조선소에서 소형 여객선등도 마린 모바일 리프트로 인양하기 때문이다.

5-2. 마린 포크 리프트(Marine Fork Lift)

1) 정의

일반적으로 포크 리프트로 알려져 있으나 이 기계의 올바른 명칭은 "포크 리프트 트럭(Fork lift truck)"이다. 즉, 포크가 달린 트럭을 말한다. 이 장비는 여러 형태의 자재를 옮기기 위해 트럭 몸체와 작업 장치로 구성되어 있다.

2) 구성요소

트럭 몸체는 카운터웨이트와 주요 이동 장치 역할을 하고 있으며, 작업 장치는 포크와 마스트로 나뉜다. 마스트는 차체의 앞쪽에 장착되어 틸팅(경사)되며 복수의 수직 프레임 구조로 되어 있고, 두 개의 포크는 수직 프레임을 따라 상승·하강한다.

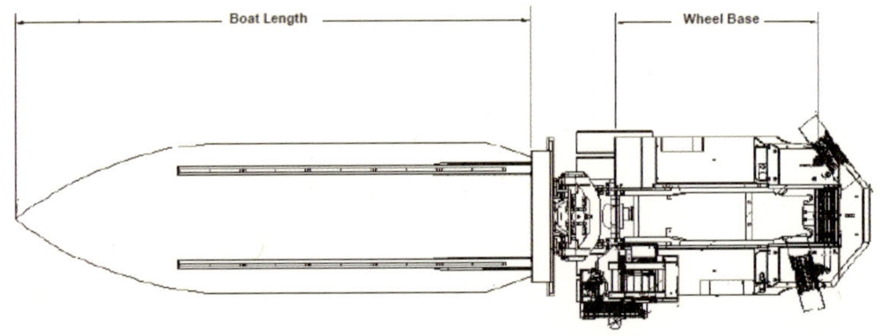

마린 포크 리프트의 주 업무는 육상 계류시설에서 승선장까지, 승선장에서 육상 계류시설까지의 보트 운반 및 상하가 작업이다.

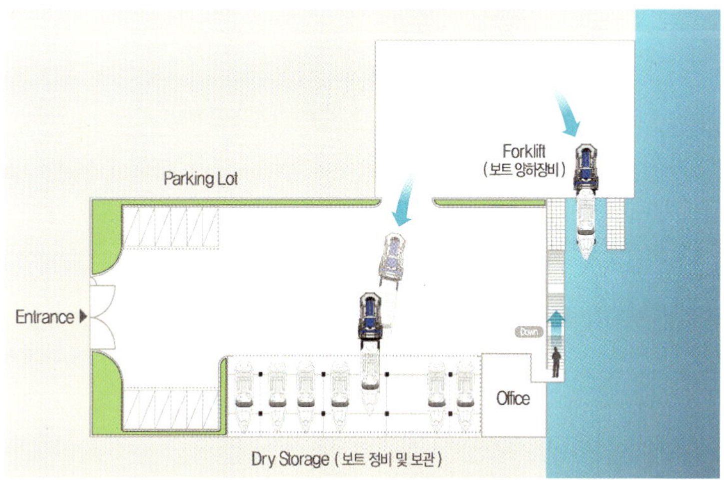

3) 마린 포크 리프트 선정 시 절차 안내

마리나의 크기와 양하할 선박의 크기들을 분석하여 마린 포크 리프트의 용량을 선택한다. (6TON, 10TON 기타 주문 제품)

마린 포크 리프트의 안정적인 사용을 위하여 인양 공간 부두의 끝단에 20mm 이상의 철판으로 장비 정지용 스토퍼 제작 설치가 필요하다. 또 기존의 부두를 이용할 경우 기존 안벽위치 선정 후 장비 스토퍼만 설치하면 사용이 가능하다.

간조와 만조를 정확히 파악하여 장비 포크의 하향 길이를 얼마로 할지 결정하여 사양을 결정하고, 실내형 육상 계류장의 경우 건물 출입구의 높이가 장비와 일치하거나 장비의 높이가 낮아야 진출입이 가능하므로 건축물의 높이를 고려해야 한다.

4) 마린 포크 리프트의 인양 작업 가능 범위

○ 전장길이 36피트/11m 이하인 모터보트 구성비가 99.5%으로,

→ 거의 모든 모터보트는 마리나 전용 folk lift (포크 리프트)로 인양 가능하다.

○ 고정식, 이동식 크레인은 36ft/11m 이상인 중대형 규모의 설비이나
→ 실제로 큰 모터보트나 요트 등이 거의 없다.

보트길이 (m/ft)	0~5/16.4이하	5~7/23이하	7~9/30이하	9~11/36이하	11/36초과	합계
척수	1,079	3,577	1,026	105	27	5,814
누계척수	1,079	4,656	5,682	5,787	5,814	
누적%	18.6	80.1	97.7	99.5	100.0	
양하시설 처리능력	포크 리프트 99.5%				0.5%	
	고정식+이동식 크레인					

출처 : 해양경찰청(2011.1말)
대상 : 신고 된 모터보트 전체임

5) DRY STACK 적치 상황

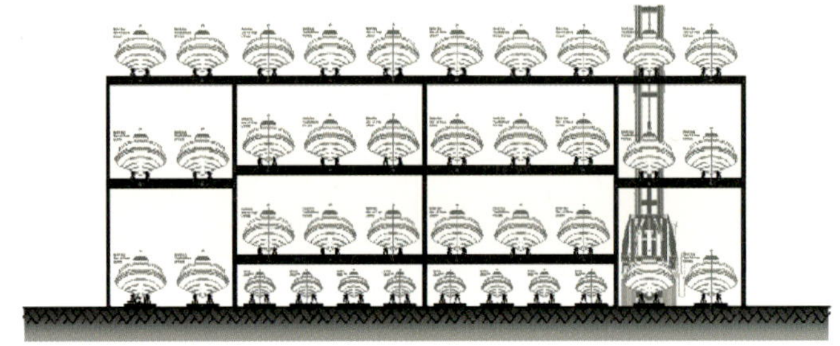

6) 국내외 사례

▸ 국내 사례

○ 속초 코마린

- 마린 포크 리프트 활용

▸ 국외 사례

사진	제조사	모델명	사용처	비고
	Wiggins Marina Bull	W2.4 W2.9	Hoffman's Marina West (USA, New Jersey, Brielle)	-1주일 내내 포크 리프트 서비스 이용 가능 -창고 이용 고객뿐만 아니라 운반이 필요한 어떠한 고객도 이용 가능
	Wiggins Marina Bull	W2.9	Seaport Inlet Marina (USA, New Jersey, Belmar)	-5월부터 10월에는 월요일을 제외하고 7:00AM - 4:30PM에 이용 가능 -공간이 제한적이기에 미리 예약 받음
	Wiggins Marina Bull	W2.9	Cardiff Marina (UK, Cardiff)	-최대 20톤까지 모든 종류의 선박에 적합한 리프팅과 기중기 제공 -리프팅과 진수 (lift, launch) -선박 스크럽과 압력 세척 (scrub pressure wash) -이동식 받침대 대여(cradle hire) -초킹과 쉐어링 (chocking, shoring up)
	Wiggins Marina Bull	W2.9	Cat's Paw Marina (USA, Florida, Augustine)	-육상 계류장 (dry storage)에서 최대 200대 수용 가능 -계류장에서 다양한 간식거리 제공 -선박 연료 제공 -유리섬유나 선박 관련 서비스 제공 -바다와 강에서 낚시 가능 -마리나 이용 고객만 접근 가능

제6장 마리나 양하구역 설계 유의사항

마리나의 크기와 수리를 요청할 선박의 크기들을 분석하여 장비의 용량을 선택 (20TON, 35TON, 50TON, 75TON, 100TON 기타 주문 제품)한 후 마린 모바일 리프트의 인양 공간(도크) 및 돌핀(Pier)의 위치를 선정한다.

6-1. 마리나 양하구역 형태

1) 중력식(자중식-안벽 스타일)

중력식은 일반 부두처럼 사각형의 항만 구조물을 쌓아서 일반적인 Pier 형상으로 건설한 공간을 말한다(관련법에 따라 안벽에 고정식 펜더 설치).

2) 파일식(잔교식)

파일식은 계류장에서 바다 방향으로 파일을 설치하고 상부에 타이어 주행로(레일)를 설치하여 건설한 공간을 말한다.

3) 혼용방식(중력식+파일식)

기존에 설치된 부두 안벽을 이용하여 레일을 설치할 경우 한쪽은 기존 부두 안벽을 이용하고 다른 한쪽은 파일식으로 설치하는 방안이며 이렇게 할 경우 운항자 승하선 부두를 수면부에 간단한 방법으로 설치가 가능하다.

6-2. 리프트 피어(Lift Pier, Dolphin, Dock rail) 설계, 시공, 운영

1) 리프트 피어 (돌핀, 도크레일)의 정의

인양 장비인 마린 모바일 리프트(Marine mobile lift)로 상하가를 실시하는 장소로서 리프트 피어 위에 마린 모바일 리프트가 위치하고 리프트 피어 사이(도크, Dock)로 선박이 진입한 후에 상하가가 진행된다.

▸ 용어의 정의

○ 리프트 피어, Dolphin wharf(돌핀 부두)

: 부두에서 수면 공간으로 설치된 돌출 부두를 뜻함, 장비는 이 부두를 이동하면서 인양작업을 수행한다.

○ Rail (도크레일)

: 장비 인양을 위한 타이어 주헹로이며 돌핀의 상부를 말한다.

○ Dock (도크)

: 양하를 위한 돌핀과 돌핀 사이의 공간, 즉 양하를 위하여 선박이 진입하는 공간이다.

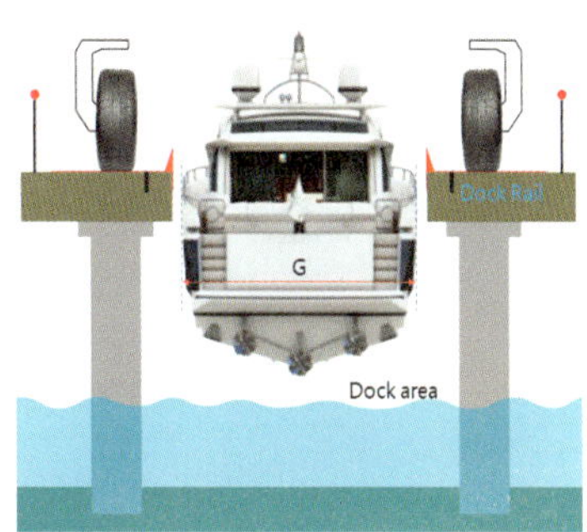

2) 리프트 피어 설계를 위한 국내 요트 보트의 선폭과 무게 분석

해양수산부 자료와 국내외에서 판매하는 요트 보트를 분석

용량	정보출처	정보 분류	정보의 용도	전장m	선폭m	무게ton
20ton	어항설계기준 어선선형분석	어선	어선의 평균	17.5	4.5	20.0
	마리나선박표준선형	요트	항만 및 어항 설계기준	16.0	5.1	17.5
	마리나선박표준선형	보트	항만 및 어항 설계기준	15.0	4.9	18.3
	(주)코마린 수입/판매 제품	보트 코마린	수입 판매 제품	15.4	4.6	19.0
	해외 리프트 제조사	마린 트레블 리프트	미국 일반 보트 기준	16.7		20.0
	결정 - 한국형 최대 사이즈 기준 크기		최대(코마린 설계값)	17.5	5.1	20.0
	코마린 한국형 적용치			**18.0**	**5.1**	**20.0**
35ton	어항설계기준 어선선형분석	어선	어선의 평균	20.6	4.8	30.0
	마리나선박표준선형	요트	항만 및 어항 설계기준	해당 없음		
	마리나선박표준선형	보트	항만 및 어항 설계기준	18.0	5.4	29.8
	(주)코마린 수입/판매 제품	보트 코마린	수입 판매 제품	19.7	5.0	34.0
	해외 리프트 제조사	마린 트레블 리프트	미국 일반 보트 기준	19.8		35.0
	결정 - 한국형 최대 사이즈 기준 크기		최대(코마린 설계값)	20.6	5.2	34.0
	코마린 한국형 적용치			**20.0**	**5.2**	**35.0**
50ton	어항설계기준 어선선형분석	어선	어선의 평균	23.0	5.2	50.0
	마리나선박표준선형	요트	항만 및 어항 설계기준	해당 없음		
	마리나선박표준선형	보트	항만 및 어항 설계기준	21.0	6.0	45.0
	(주)코마린 수입/판매 제품	보트 코마린	수입 판매 제품	23.9	5.7	47.5
	해외 리프트 제조사	마린 트레블 리프트	미국 일반 보트 기준	22.8		50.0
	결정 - 한국형 최대 사이즈 기준 크기		최대(코마린 설계값)	23.9	6.0	47.5
	코마린 한국형 적용치			**24.0**	**6.0**	**50.0**

위 분석 자료를 보면 어선, 요트, 보트, 수입 제품, 해외 제작사 참고 결과

- 20톤 용량의 장비는 인양 가능 선박의 폭이 5.1m
- 35톤 용량의 장비는 인양 가능 선박의 폭이 5.2m
- 50톤 용량의 장비는 인양 가능 선박의 폭이 6.0m 임을 알 수 있다.

위 수치는 인양가능 선박의 선폭이므로 여기에 인양 안전 이격거리 좌,우 5cm를 두면 돌핀(도크레일)의 내측 설계치가 되는데

- **20톤** 용량의 장비는 인양 가능 돌핀의 내측 폭이 **5.2m**(충격방지펜더 제외)
- **35톤** 용량의 장비는 인양 가능 돌핀의 내측 폭이 **5.3m**(충격방지펜더 제외)
- **50톤** 용량의 장비는 인양 가능 돌핀의 내측 폭이 **6.1m**(충격방지펜더 제외)

가 된다.

리프트 피어(Dolphin)에 주행식 크레인이나 Loader가 탑재된 경우 기초 파일 배치 간격과 하중에 대한 설계기준은 있으나, 사용에 대한 기준은 없다.

상하가 대상 선박의 폭(Breadth Extreme), 타이어 가이드(Tire guide), 타이어 가이드와 타이어 간 최소 이격거리를 고려하여 리프트 피어(Dolphin)의 인양폭과 마린 모바일 리프트 타이어의 내측폭은 위의 지료를 기준으로 설정해야 한다.

3) 장비의 인양 톤수별 리프트 피어의 크기

리프트 피어(돌핀(dolphin) 또는 레일(rail))는 아래의 기준으로 필히 설계되고 시공되어야 한다.

▸ 자중식(중력식)

(단위 : m)

모델 (Ton)	수심 기준	선폭 기준	안벽 안전 거리		펜더 부착폭	돌핀 안벽폭	인양 최대폭	TG폭	TG 간 최대치	TG~TIRE 내측	TIRE 내측폭
기호	H	G			F	A	B		C	E	D
20 35 50			좌	0.05	0.15			0.05		0.15	
			우	0.05	0.15			0.05		0.15	
			합	0.10	0.30			0.10		0.15	
75 100			좌	0.10	0.15			0.05		0.25	
			우	0.10	0.15			0.05		0.25	
			합	0.20	0.30			0.10		0.50	
20	4.05	5.1	0.1		0.3	5.50	5.20	0.1	5.6	0.3	5.9
35	4.05	5.2	0.1		0.3	5.60	5.30	0.1	5.7	0.3	6.0
50	4.05	6.0	0.1		0.3	6.40	6.10	0.1	6.5	0.3	6.8
75	4.50	6.4	0.2		0.3	6.90	6.60	0.1	6.9	0.5	7.5
100	4.50	7.9	0.2		0.3	8.40	8.10	0.1	8.4	0.5	9.0

TG = Tire Guide

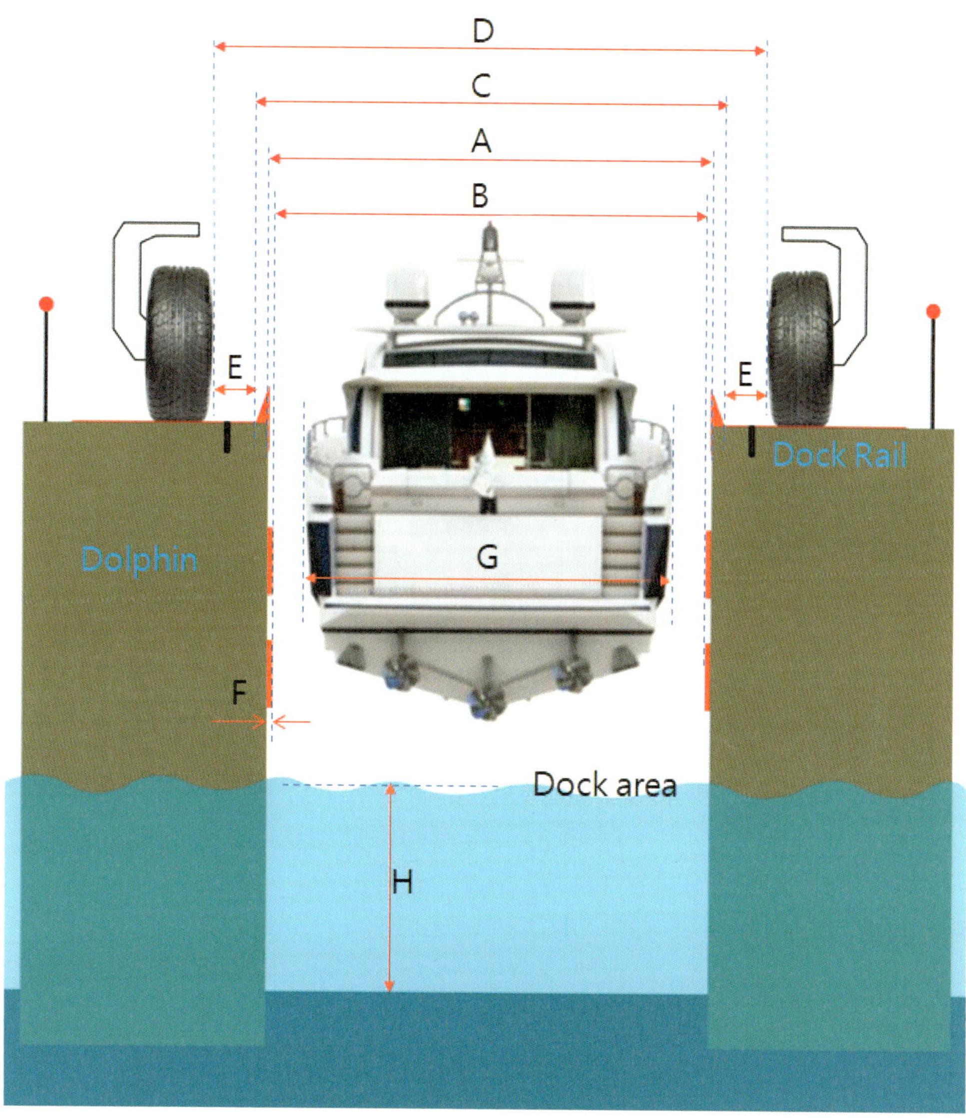
D
C
A
B
E
E
Dolphin
Dock Rail
G
F
Dock area
H

▸ 파일식

(단위 : m)

모델 (Ton)	수심 기준	선폭 기준	안벽안전 거리		펜더 부착폭	돌핀 안벽폭	인양 최대 폭	TG폭	TG간 최대치	TG~TIRE 내측	TIRE 내측폭
기호	H	G			F	A	B		C	E	D
20 35 50			좌	0.05	0.15			0.05		0.15	
			우	0.05	0.15			0.05		0.15	
			합	0.10	0.30			0.10		0.15	
75 100			좌	0.10	0.15			0.05		0.25	
			우	0.10	0.15			0.05		0.25	
			합	0.20	0.30			0.10		0.50	
20	4.05	5.1	0.10		해당없음	5.20	5.20	0.10	5.20	0.30	5.50
35	4.05	5.2	0.10			5.30	5.30	0.10	5.30	0.30	5.60
50	4.05	6.0	0.10			6.10	6.10	0.10	6.10	0.30	6.40
75	4.50	6.4	0.20			6.60	6.60	0.10	6.60	0.50	7.10
100	4.50	7.9	0.20			8.10	8.10	0.10	8.10	0.50	8.60

TG = Tire Guide

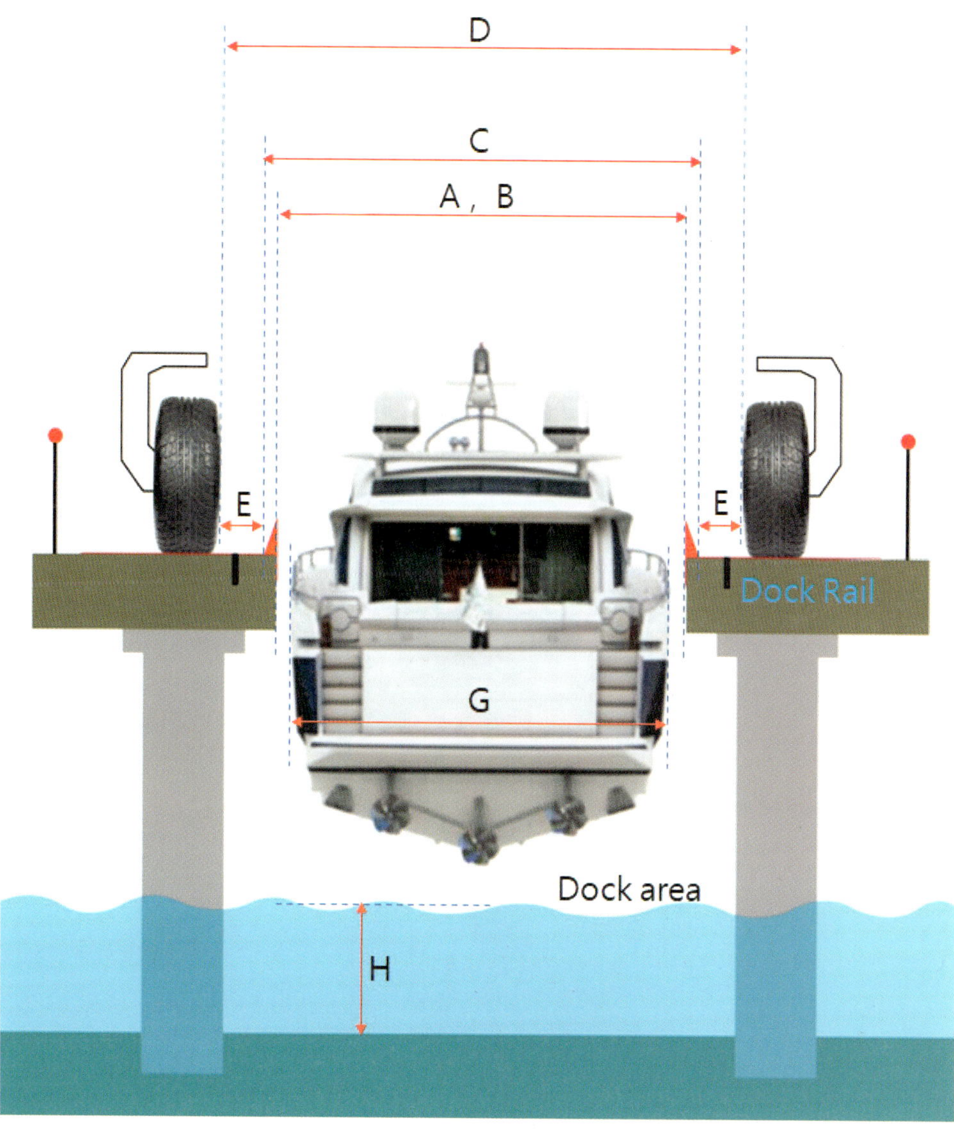
D
C
A , B
E
E
Dock Rail
G
Dock area
H

▸ 장비 주행 dock RAIL의 크기와 장비의 하중 (자중식과 파일식 동일)

모델	TIRE 폭	레일 최소 폭	레일 최소 길이	최대 인양시 각TIRE 하중	리프트 자중	양하선박 최대무게	자중+ 양하선박 무게
				ton			
				full용량 인양 시			
				수직			
20 Ton	0.42	0.80	14.00	8.55	14.20	20.00	34.20
35 Ton	0.55	0.80	15.50	13.70	19.80	35.00	54.80
50 Ton	0.55	0.90	17.00	20.50	26.00	50.00	76.00
75 Ton	0.65	1.10	18.30	27.50	35.00	75.00	110.00
100 Ton	0.80	1.35	23.00	35.70	43.00	100.00	143.00

* 위의 자료는 수정 변경 될 수 있음.

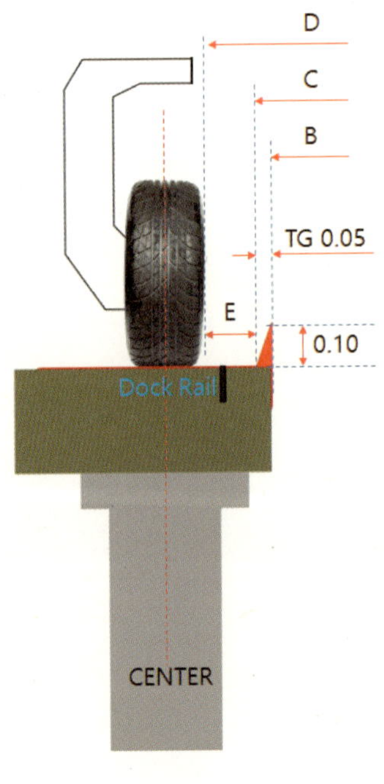

4) 마린 모바일 리프트의 타이어 내측과 인양 가능 톤수 비교 (수입품과의 비교)

ㅇ 자중식

(단위:m)

모델	선폭 기준	팬더 부착 폭	안전 이격 거리	도크 안벽 폭	인양선박 최대폭		TIRE 내측폭	
					코마린	수입품	코마린	수입품
20 Ton	5.1	0.3	0.1	5.5	5.2	5.15	5.9	5.18
35 Ton	5.2	0.3	0.1	5.6	5.3	5.15	6.0	5.18
50 Ton	6.0	0.3	0.1	6.4	6.1	5.82	6.8	6.1
75 Ton	6.4	0.3	0.2	6.9	6.6	6.40	7.5	6.4
100 Ton	7.9	0.3	0.2	8.4	8.1	7.92	8.7	7.92

ㅇ 파일식

(단위:m)

모델	선폭 기준	팬더 부착 폭	안전 이격 거리	도크 안벽 폭	인양선박 최대폭		TIRE 내측폭	
					코마린	수입품	코마린	수입품
20 Ton	5.1	해당 없음	0.1	5.2	5.2	5.15	5.6	5.18
35 Ton	5.2		0.1	5.3	5.3	5.15	5.7	5.18
50 Ton	6.0		0.1	6.1	6.1	5.82	6.5	6.1
75 Ton	6.4		0.1	6.5	6.5	6.40	7.1	6.4
100 Ton	7.9		0.1	8.0	8.0	7.92	8.6	7.92

위 자료를 보면 인양 공간 Dolphin/Pier의 설계는 같은 인양톤수의 장비라도 중력식, 파일식에 따라 다른 것을 알 수 있고 만일 Tire 내측폭이 확정된 장비를 설치할 경우 장비의 용량대로 인양이 불가능함을 알 수 있다.

5) 상하가 선박의 흘수조건 고려

항만 설계 및 조성 비용을 고려하여 평균수면, 삭망평균만조위, 삭망평균저조위와 리프트 피어까지의 높이가 반영된 설치부의 깊이를 설정해야 한다.

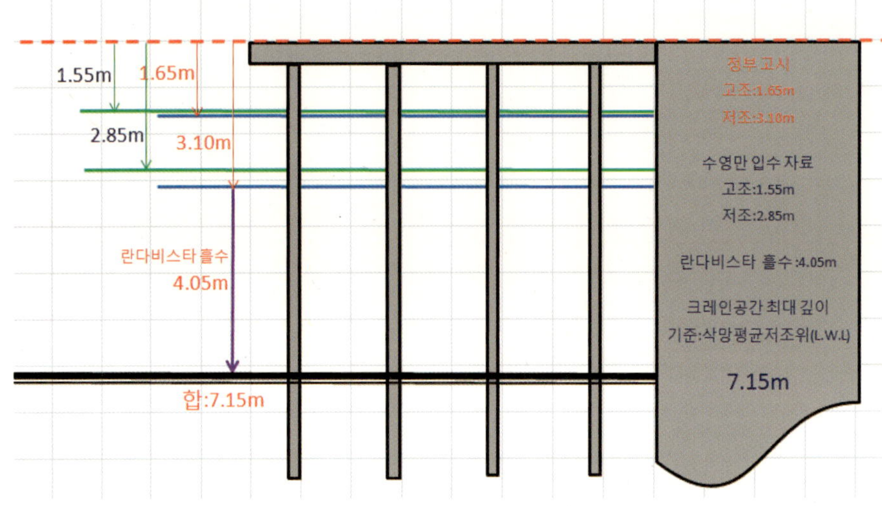

* 수면의 변화, 상하가 선박의 흘수 등을 고려한 최소값을 제시한 예시

특히, 선수용 세일요트는 힐이 포함된 깊이(흘수)가 4.05m에 이를 정도로 깊은 수심이 요구된다.

린다비스타 호 (흘수(드레프트): 4m 5cm)

6) 국내 및 해외 실제 리프트 피어(Dolphin) 용량 제한의 문제

아래 국내 및 해외의 리프트 인양공간에 대한 표를 보면 리프트의 장비 톤수에 비하여 양하 가능 용량(톤) 손실이 발생하지 않은 마리나도 있으나, 리프트의 성능보다 적은 선박(국내 19.4톤, 국외 26.6톤)만 양하가 가능하도록 설계 및 시공되어 문제가 많다.

마리나	모바일 리프트용량 (톤)	리프트피어 내부폭(m) (파손방지밴드제외)	도크 출입가능 무게 (인양 폭이 적음)	리프트 손실 량 (톤)
전 곡	25	4.82	보트 15.6	-9.4
세포요트	50	6.70	보트 58.0	+8
왕 산	35	4.70	보트 15.6	**-19.4**
아 라	35	5.15	보트 25.6	-9.4
니이하마	40	4.55	보트 13.4	**-26.6**
신 니시노미야	50	6.27	보트 40.0	-10
아시야	50	6.75	보트 58.0	+8
이즈미사노 칸쿠	50	5.96	보트 40.0	-10

7) 장비 전도 및 타이어 이탈방지를 위한 타이어가이드 (코마린 특허)

현재 국내에 기 설치된 도크 레일 내의 타이어 가이드는 안전 규정에 대한 고려 없이 설치되어 불안하고 미관에도 안 좋다. 현재의 상태는 조그마한 외력에도 파손될 가능성이 많으며 불안해 보이기도 한다.

코마린 특허를 보면 마린 모바일 리프트 타이어의 일부가 이탈방지부의 측면 접촉 방지면에 올라타게 되면 리프트의 자중에 의해 미끄러지면서 다시 궤도로 진입하고 타이어 가이드로 인한 리프트의 타이어 측면 손상을 방지할 수 있다.

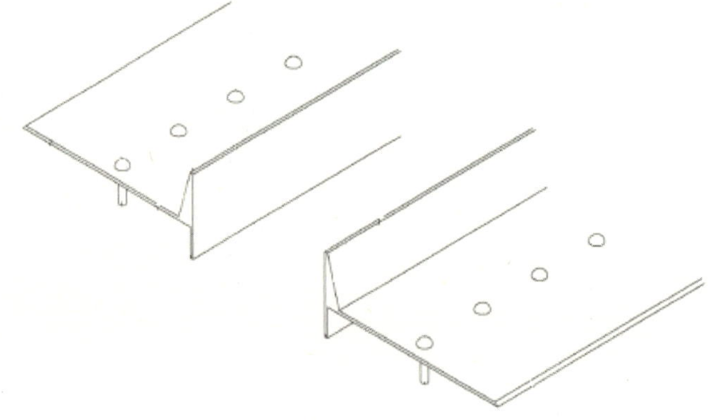

타이어 가이드 형태 예시

*출처 : 등록특허 10-1446599 (마린 모바일 리프트용 레일구조)

특허인 타이어가이드는 도크의 안벽선으로 지지 플레이트를 세우고 여기에 삼각형 모양으로 가이드 턱을 구성하며 장비의 타이어는 도크레일과 일체형으로 구성된 타이어가이드 플레이트를 누르면서 구동하는 구조로 출원되어있다.

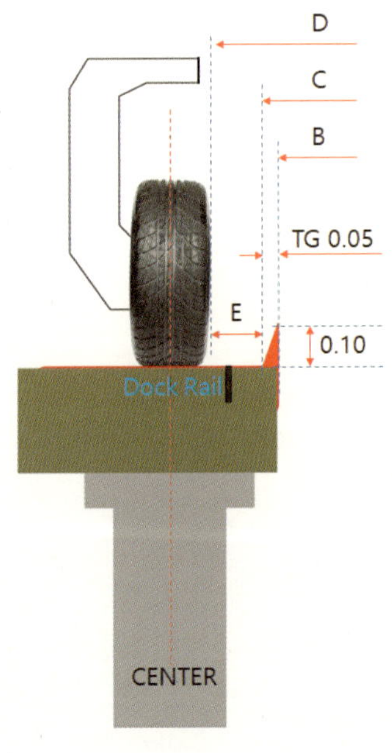

8) 마린 모바일 리프트 타이어 선정의 적정성

국내 마리나에 도입된 35톤급 마린 모바일 리프트는 자중이 20톤이며, 상하가 가능 최대용량인 35톤을 운용하기 위해서는 전체 55톤의 무게를 견디는 타이어가 채택되어야 한다. 계산하면 각 타이어에 가중되는 무게는 13.7톤이지만, 실제 장비에 부착되어있는 타이어의 최대 운용무게는 6,700kg (6.7톤/1ea)에 불과하다.

타이어사이즈	Rim	최대하중(kg)	최대속도(km/h)	비 고
14.00R24 (385/95R24)	10.00W	6,700	70	

이는 4개의 타이어가 견딜 수 있는 최대 인양무게는 26.8톤(26,800kg)이며, 이 중 모바일 리프트 자중을 제외하면 타이어로 인하여 안전하게 상하가 가능한 무게는 6톤에 불과하다. 장비의 인양 가능한 무게는 잘못된 타이어의 선정으로 6톤 뿐이다

타이어 당 최대하중	4개 타이어 최대하중	최대하중 (C)	상하가 가능 선박 최대무게
6.7톤	26.8톤	26.8톤	
모바일 리프트 자중 (A)	최대 상하가무게 (B)	A+B	C-A
20톤	35톤	55톤	**6.08톤**
합계		**- 28.92톤**	

9) 펜더 설치 시 주의사항과 승하선 시설물

중력식은 안벽에 두께 10~15cm의 펜더를 설치하게 되어있으므로 필히 설계 시 마린 모바일 리프트 제작 회사와 펜더의 크기 등을 상의해야 원하는 장비 용량대로 사용이 가능하다.

만일 수입 장비와 같이 인양 폭이 확정된 장비를 넣을 경우 국내/국외 사정이 달라서 인양 가능 폭이 30cm 이상 줄어드는 결과가 초래되어 장비의 인양 가능한 무게가 줄어든다. (예를 들면, 35톤 장비를 도입 했는데 도크레일(PIER)로 진입 가능한 장비의 폭이 펜더로 인하여 30cm 적어져 25톤 까지만 인양 가능한 사례)

인양공간은 선박 승선원의 승하선 시설물을 설치해야하며, 아래 사진은 별도의 승하선 시설물이 없기 때문에 승선원(붉은색 원)의 사고발생 위험이 높아진다.

인양 공간은 아래의 참고 사진처럼 수면부 수위에 따라 상승 하강을 할 수 있는 간이 부력체 설치로 인양을 위한 접안 후 운항자 승선 및 하선이 가능한 구조가 필요하다.

10) 다수의 장비 설치 시 설계 방안

▸ 1식 설치 방안

중력식, 파일식 선택하여 기존의 시설물을 최대한 이용하여 설계한다.

▸ 2식 설치 방안

중력식 파일식 선택하여 기존의 시설물을 최대한 이용하여 설계하되 돌핀 레일은 하나의 레일을 크게 설계하여 비용을 절감할 수 있다.

11) 사고예방 위한 마린 모바일 리프트 사고사례

양하 실수로 인한 전도	과하중으로 인한 구조물 절단 사고

맨홀 등 기반 시설물의 위치 선정 문제 (미국 오레곤주 포틀랜드 마리나)	

전도 사고	

중심 잘못으로 전도사고	슬링 손상으로 추락사고

6-3. 마리나와 진입 교량의 높이에 따른 영향

1) 교량의 통과 높이가 마리나에 미치는 영향

교량은 설계 단계부터 통과하는 선박의 통항 여유 폭을 고려하여 항로 폭과 함께 수면에서 교량 하부까지 소요 형하고(통과높이)가 고려되어야 한다.

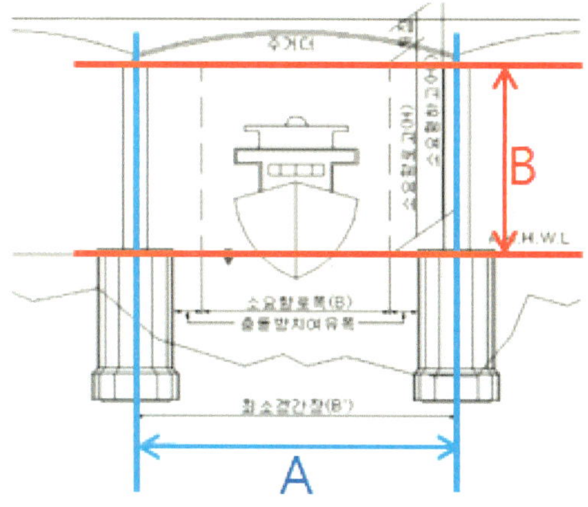

국내에 설치된 주요 교량의 형하고는 최소 14.5m(설악대교)에서 최대 85m(이순신대교)이다. 중요한 점은 돛에 4개 설치된 범선급이 통항 가능하려면 형하고가 35미터는 되어야 한다. 특히 해변(연안)을 통과하는 도로의 교량은 관광 자원으로서의 가치가 크다.

교량명	교량형태	도로 길이	주경간(A)	형하고(B)
부산항대교	사장교	3.33km	540m	60m
영종대교	현수교	4.42km	300m	35m
인천대교(제2연육교)	사장교	12.3km	800m	70.4m
목포대교	사장교	3.06km	500m	53m
서해대교	사장교	7.31km	470m	62m

교량명	교량형태	도로 길이	주경간(A)	형하고(B)
거가대교	사장교	8.20km	3,240m	-
마창대교	사장교	1.70km	400m	64m
이순신대교	현수교	3.62km	1,545m	85m
울산대교	현수교	1.80km	1,150m	60m
광안대교	현수교, 트러스교, 접속교	6.50km	500m	35m
설악대교	아치교	0.41km	130m	14.5m

* 출처: 항만횡단 해상교량 건설시 기준 및 절차수립(해양수산부, 2007)

사례로 속초시 청초호에 위치한 속초마리나(붉은 원)의 경우는 파도가 들어오지 않는 이상적인 마리나 조건을 갖추고 있다.

그러나 청초호 입구에 위치한 설악대교는 형하고가 14.5m라서 돛 높이가 14.0m인 선체 길이 32feet(약 9.0미터) 요트까지만 통항이 가능하다. 따라서 대형 요트의 통항이 불가능하여 계류장의 활용도가 현저히 낮다.

이러한 교량과는 별도로 연안의 수로에서 양안을 연결하는 교량은 지상으로 교량 구조물을 설치하지 않고 수로의 하부로 연결(해저터널식)하는 방법이 있다. 이렇게 토목 설계가 되면 수로는 높이의 제한이 없으므로 요트의 주 통항로가 되고 각종 요트/보트 대회 개최가 가능한 수변공간이 된다.

2) 해외 도개교 사례

많은 레저 선박과 마리나가 있는 국외의 경우도 안정적인 마리나 환경을 위해 교량이 설치되어 있으며, 카리브해 Simpson bay bridge의 경우 도개교 형태의 교량을 설치함으로써 마리나에 진입하는 요트의 높이에 상관없이 통과가 가능하다. 이는 한국의 마리나 및 마리나 항만 개발에도 시사하는 바가 크다.

제 III 편 육상보관서비스

제7장 육상보관시설

7-1. APT형 육상계류장

1) APT형 육상계류장 정의

보트 및 요트의 수명을 늘려주고, 유지관리비를 절감하며, 고밀도 보관을 위해 건식(Dry berthing)으로 육상에 보관하는 시설로서, 계류장의 부지 활용을 최대화 할 수 있는 입체보관시설이다.

2) 국내 육상계류의 문제점

국내 육상계류장은 1단의 바닥표면에 적치하는 수준에 그치고 있으며, 상하가 시설도 인양과 육상 이동 그리고 4단 적치가 가능한 folk lift, mobile lift 등의 장비가 필요하다.

3) 마리나의 계류 척수를 높이기 위한 해결방안

육상에 전문 보관소 또는 육상 계류장 등이 필요하며 합리적인 운영을 위한 관련시설 설치 또는 전문 업체 위탁 관리방안을 수립해야 한다.

▸ 대표적인 적용사례 : 호주

○ 면적 : 6,140.7㎡ (주차장 및 이동통로 제외)

○ 선석 : 261척

○ 척당 계류면적 : 23.5㎡ (7.1py/척)
(해상계류장의 국내·외 척당 평균 수역 면적은 74.0py/척으로 10배의 소요 면적 차이가 있음.)

(참고) (주)코마린 조감도

▸ APT형 계류시설의 형태별 구분 (출처:코마린)

<table>
<tr><th rowspan="2">TYPE</th><th colspan="3">MODULE</th><th rowspan="2">설계 표준
[50척 기준]</th></tr>
<tr><th>길이</th><th>단수</th><th>단별적치</th></tr>
<tr><td>OPEN형
옥외복층선반
(Dry Stack)</td><td rowspan="2">9m
6m
4m</td><td rowspan="2">3단
4단
5단

총 높이
9m
12m</td><td rowspan="2">4척
3척
2척
1척</td><td rowspan="2">-1척당 바닥면적 : 20㎡
-총면적 : 1,000㎡ (27m×37m)
-최고 높이 : 9m
-기본형 : 3단 적용
-레저장비길이: 30ft미만 (97.7%에 해당)</td></tr>
<tr><td>창고형
옥내보관소
(Dry Storage)</td></tr>
</table>

☞ 현장 base에 맞게 표준 MODULE을 조합하여 구성

7-2. 육상계류장 설계 예시

1) 창고형 옥내보관소(DRY STORAGE)

○ 고급보트가 많고, 공간 확보가 쉬운 마리나
○ 먼지가 많고, 우천이 많은 지역 마리나 등

▸ 적용사례 : 호주
○ 면적 : 6,140.7㎡ (주차장 및 이동통로 제외)
○ 선석 : 261척
○ 척당 계류면적 : 23.5㎡ **(7.1py/척)**

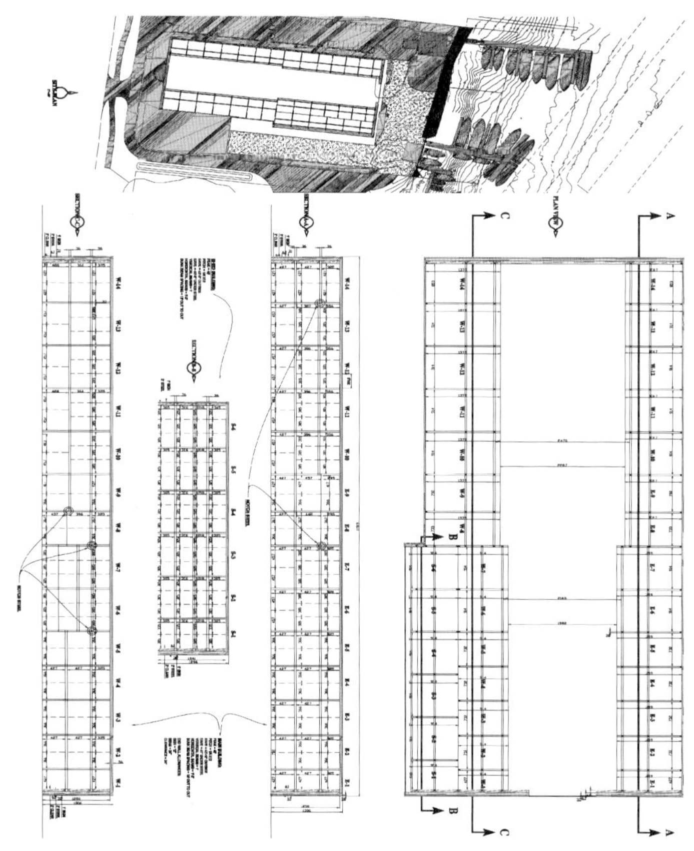

○ 평면도

구 분	길이(cm)	비 고
출입문 폭	1,200	장비 이동 폭 고려
통로 최소 폭	1,982	장비 회전반경 고려
통로 최대 폭	2,287	

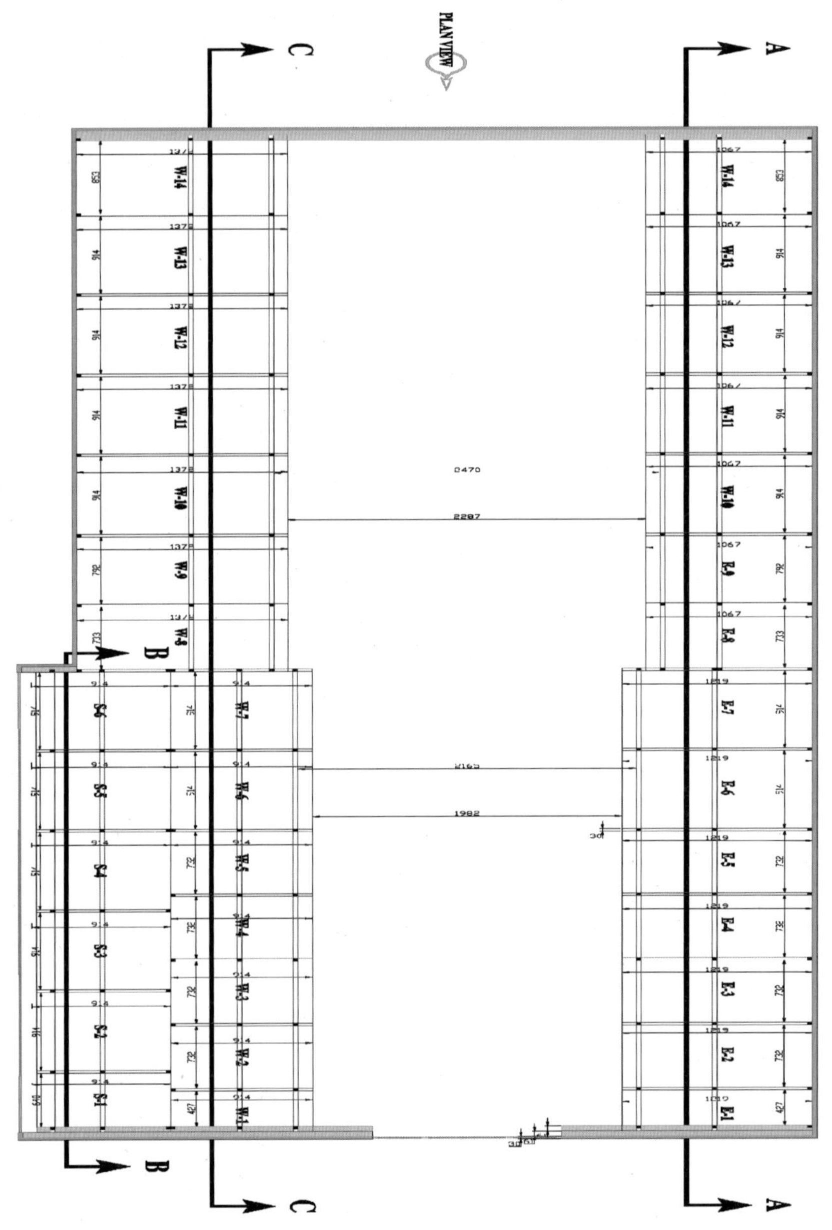

○ 측면도

구 분	길이(cm)	비 고
출입문 높이	-	포크 리프트 높이
하우스 내측 높이	1,250cm	
하우스 지붕	지역 특성 고려	눈, 비, 풍향

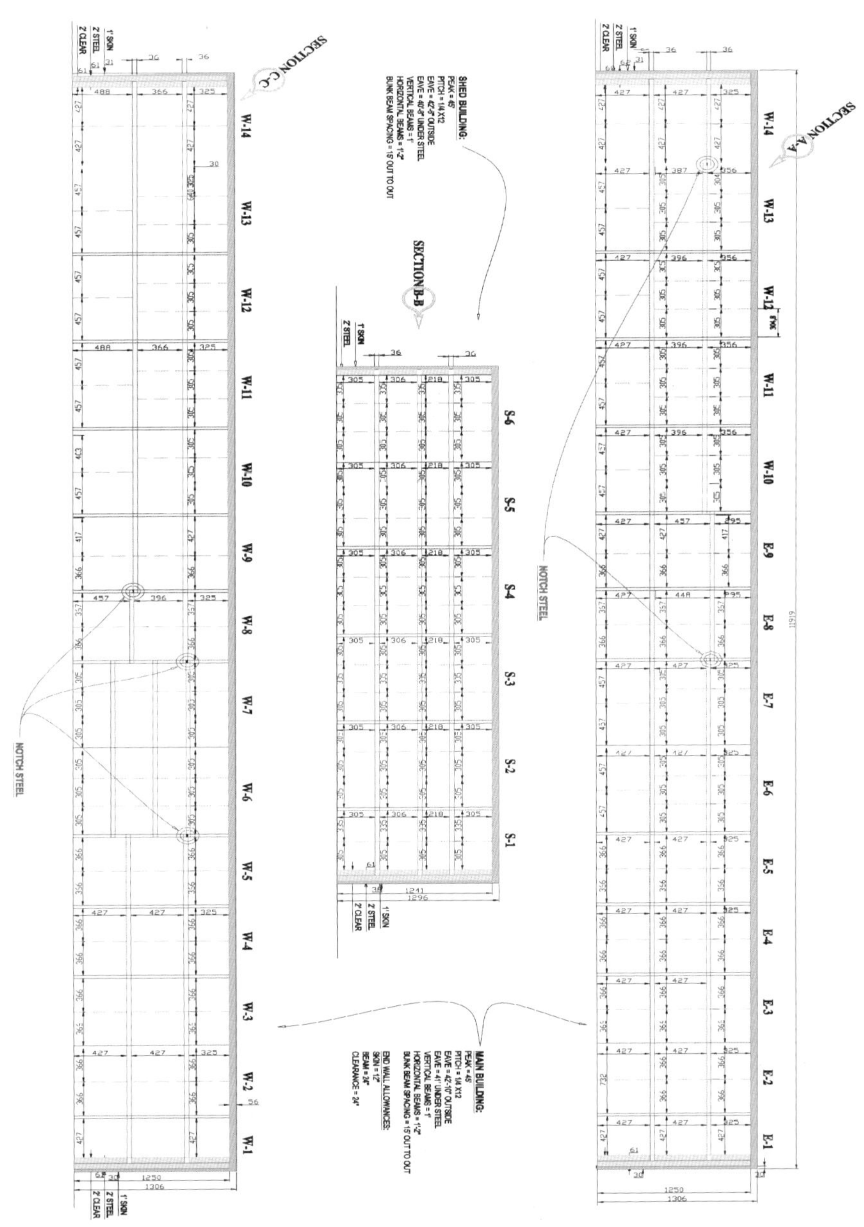

○ 입면도

구 분	길이(cm)	비 고
주 차	100대	
배 수	배수라인 설치	염분 주의
환 기	환풍구 설치	
소 방	소방시설 설치	화재감지기, 스프링클러, 소화기 등

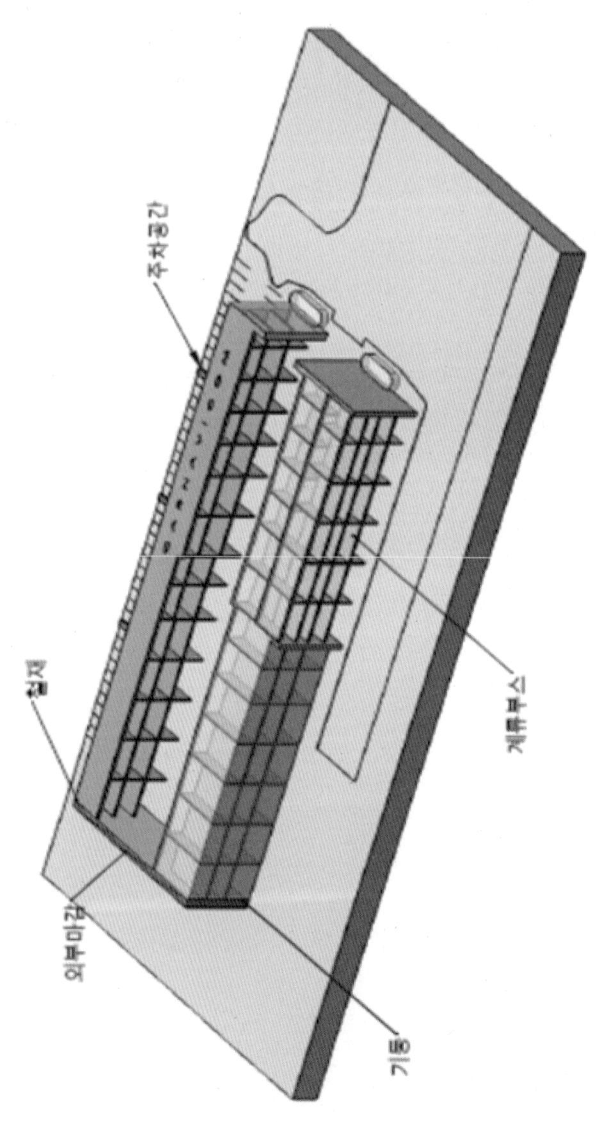

○ 단면도 층별 적치 구분 예시 (길이X높이)

단면도	구분 명칭	층	가로(횡방향)	높이	가로(횡방향)	높이	가로(횡방향)	높이	척 수
			좌		중		우		(단위 : cm)
A I A	E1	3			427	325			1
		2			427	427			1
		1			427	427			1
	E2	3	366	325			366	325	2
		2	366	427			366	427	2
		1			732	427			1
	E3	3	366	325			366	325	2
		2	366	427			366	427	2
		1	366	427			366	427	2
	E4	3	366	325			366	325	2
		2	366	427			366	427	2
		1	366	427			366	427	2
	E5	3	366	325			366	325	2
		2	366	427			366	427	2
		1	366	427			366	427	2
	E6	3	305	325	305	325	305	325	3
		2	305	427	305	427	305	427	3
		1	457	427			457	427	2
	E7	3	305	325	305	325	305	325	3
		2	305	427	305	427	305	427	3
		1	457	427			457	427	2
	E8	3	367	295			366	295	2
		2	367	448			366	448	2
		1	367	427			366	427	2
	E9	3	417	295			366	295	2
		2	427	457			366	457	2
		1	427	427			366	427	2
	W10	3	305	356	305	356	305	356	3
		2	305	396	305	396	305	396	3

단면도	구분	적재 공간 구분						(단위 : cm)
	명칭	층	가로(횡방향) 좌	높이 좌	가로(횡방향) 중	높이 중	가로(횡방향) 우	높이 우	척 수
		1	457	427			457	427	2
	W11	3	305	356	305	356	305	356	3
		2	305	396	305	396	305	396	3
		1	457	427			457	427	2
	W12	3	305	356	305	356	305	356	3
		2	305	396	305	396	305	396	3
		1	457	427			457	427	2
	W13	3	304	356	305	356	305	356	3
		2	305	387	305	387	305	387	3
		1	457	427			457	427	2
	W14	3	427	325			427	325	2
		2	427	427			427	427	2
		1	427	427			427	427	2
B I B	S1	4	335	305			305	305	2
		3	335	218			305	218	2
		2	335	306			305	306	2
		1	335	305			305	305	2
	S2	4	305	305	305	305	305	305	3
		3	305	218	305	218	305	218	3
		2	305	306	305	306	305	306	3
		1	305	305	305	305	305	305	3
	S3	4	305	305	305	305	305	305	3
		3	305	218	305	218	305	218	3
		2	305	306	305	306	305	306	3
		1	305	305	305	305	305	305	3
	S4	4	305	305	305	305	305	305	3
		3	305	218	305	218	305	218	3
		2	305	306	305	306	305	306	3
		1	305	305	305	305	305	305	3

단면도	구분 / 명칭	층	좌 가로(횡방향)	좌 높이	중 가로(횡방향)	중 높이	우 가로(횡방향)	우 높이	척 수
			적재 공간 구분						(단위 : cm)
	S5	4	305	305	305	305	305	305	3
		3	305	218	305	218	305	218	3
		2	305	306	305	306	305	306	3
		1	305	305	305	305	305	305	3
	S6	4	305	305	305	305	305	305	3
		3	305	218	305	218	305	218	3
		2	305	306	305	306	305	306	3
		1	305	305	305	305	305	305	3
C I C	W1	3			427	325			1
		2			427	427			1
		1			427	427			1
	W2	3	366	325			366	325	2
		2	366	427			366	427	2
		1	366	427			366	427	2
	W3	3	366	325			366	325	2
		2	366	427			366	427	2
		1	366	427			366	427	2
	W4	3	366	325			366	325	2
		2	366	427			366	427	2
		1	366	427			366	427	2
	W5	3	366	325			366	325	2
		2	366	427			366	427	2
		1	366	427			366	427	2
	W6	4	305	305	305	305	305	305	3
		3	305	229	305	229	305	229	3
		2	305	305	305	305	305	305	3
		1	305	305	305	305	305	305	3
	W7	4	305	305	305	305	305	305	3
		3	305	229	305	229	305	229	3
		2	305	305	305	305	305	305	3

단면도	구분	적재 공간 구분							(단위 : cm)
	명칭	층	가로 (횡방향)	높이	가로 (횡방향)	높이	가로 (횡방향)	높이	척 수
			좌		중		우		
		1	305	305	305	305	305	305	3
	W8	3	367	325			366	325	2
		2	367	396			366	396	2
		1	367	457			366	457	2
	W9	3	427	325			366	325	2
		2	417	366			366	366	2
		1	417	488			366	488	2
	W10	3	305	325	305	325	305	325	3
		2	305	366	305	366	305	366	3
		1	403	488			457	488	2
	W11	3	305	325	305	325	305	325	3
		2	305	366	305	366	305	366	3
		1	457	488			457	488	2
	W12	3	305	325	305	325	305	325	3
		2	305	366	305	366	305	366	3
		1	457	488			457	488	2
	W13	3	305	325	305	325	305	325	3
		2	305	366	5	366	305	366	3
		1	457	488			457	488	2
	W14	3	427	325			427	325	2
		2	427	366			427	366	2
		1	427	488			427	488	2
								합계	261

○ 단면도 층별 적치 구분 예(일부 표현)

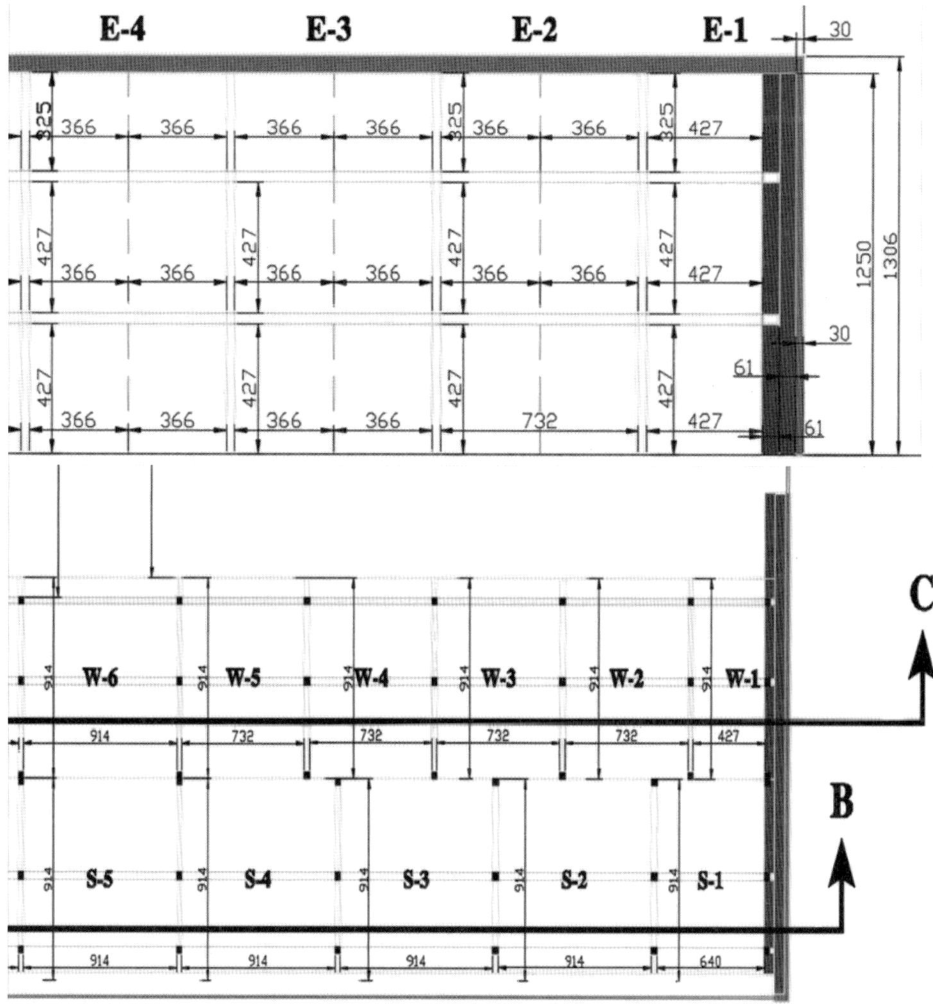

2) OPEN형 옥외복층선반(DRY STACK)

○ 계류척수가 적고 면적이 좁은 마리나
○ 시설비용이 적고 구조물 설치가 어려운 마리나
○ 눈비가 적고 강풍이 적은지역
예) 미국 LA 인근

예) 미국 시애틀

▸ 장비 이용 기준

○ 장비

- 포크 리프트 1대당 처리용량은 약 100척/1일 운용 가능
- 포크 리프트 장비를 이용한 보트 평균 양하 시간은 약 8분

○ 이용

- 마리나 고객 보트 척당 월평균 이용횟수는 약 2회
- 마리나 고객의 보트이용 분포는 주말8 평일2 비율

▸ 설계기준

○ 보트 척당 적치 면적 : 약 20㎡

○ 보트 적치 길이 : 약 14m 이하

○ 보트 적치 폭 : 4.5m 이하

○ 보트 적치 높이 : 4.5m 이하

○ 보트 적치 시 보트와 보트의 간격 : 약 50cm

○ 보트 척당 무게 : 최소 4.2톤을 적치할 수 있도록 설계

○ 포크 리프트 회전 반경을 고려해서 이동통로 거리와 폭을 설계

예) 한국 속초(KOREA, SOKCHO)

o DRY STACK 측면도 평면도

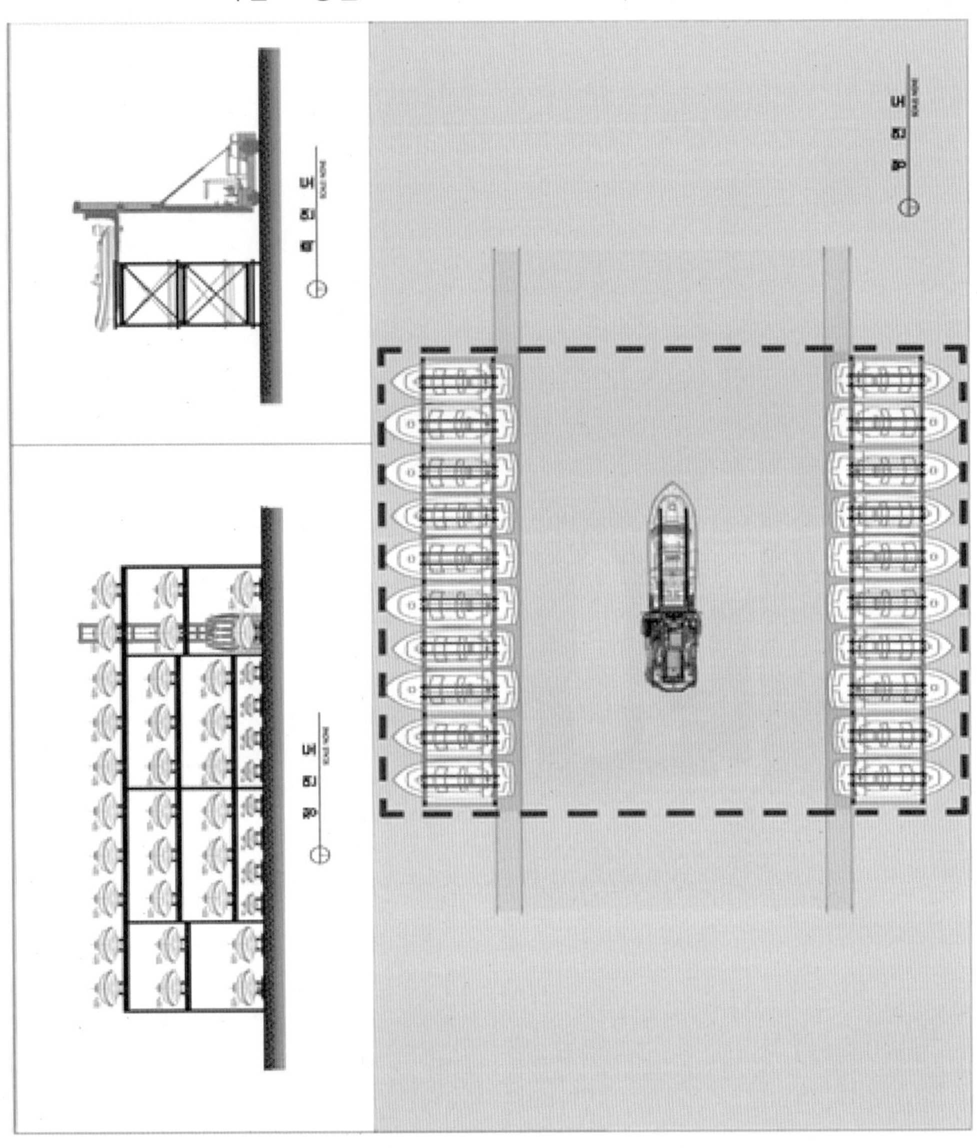

7-3. 육상계류장 운용 사례

1) 국외 사례

○ 미국 플로리다(DRY STORAGE)

○ 호주 골드코스트(DRY STORAGE)

○ 미국 캘리포니아 벨포트 (DRY STACK)

○ 뉴질랜드 오클랜드(DRY STORAGE)

○ 미국 Mid-Bay Marina in Destin, Florida (DRY STORAGE)

2) 국내 사례(DRY STACK)

○ 인천 코마린 (2011~2012)

○ 속초 코마린 (2012~현재)

○ 여수 세포보트 계류장

○ 세포계류장은 해상 계류장이 없으며 50톤급 Mobile Lift로 선박을 인양, 육상 수리 및 계류장으로 사용하고 있는 공간

7-4. 육상계류장의 효율성(건설비, 운용 효율)

1) 육상계류장 장점

유형별	장 점
경제적	○ 마리나 항만 건설비용 대폭 절감 : 관련 공사비 약 30% -육상계류로 해상면적을 줄임→ 방파제, 해상시설 등 축소 -토지 효율적 APT형 계류장→ 육상 부지 매입비 감소 ○ 공기 단축 : 약 5개월 -난공사 분량이 줄어듦 : 방파제, 호안 축조량
환경적	○ 해양오염 감소 -해상 계류 시 오염원의 확산 및 기름 누출 예방 ○ 수생 식물 자원 보호 -기름 유출 줄어듦 (1cc 유출 시 1000㎡ 유막형성) → 수자원 보호로 어민과의 불협화음 해소
개인적	○ 편리함 -시간 절약 (Time is Money, Just in Time) ·도착 즉시 (항해·운항 종료 즉시 귀가) → 양하 Service → 세척 Service -유지보수의 단일화 : 육상 계류장 인근에서 해결 ○ 안심 Service -비, 눈, 태풍 등의 영향 없음
재산적	○ 가치 유지 : 고가장비 보관 -바다 생물 부착 예방 : 따개비 등 -엔진, 선외기 등의 안전 관련 장비의 부식 예방 -장기간 태양 노출에 의한 탈색, 변색 예방 -사계절 해상 온도차와 얼음에 의한 균열, 깨짐 예방 ○ 자연재해로부터 레저 장비의 보호 -태풍, 해일, 강풍 등 → 보험적 효력 발휘

2) 육상계류장 운용효율

○ 척당 월평균 이용횟수 2회, 평일 20%, 토, 일 공휴일 80% 이용

○ 평일 20.7일, 토, 일 공휴일 9.7일 적용, 일일 출발시간 분포 5시간 (10시부터 15시까지)

- 부하 최고량 산정 : 시간대별 이용량 분포의 2배수(인양, 인하)로 계산
- 1척당 양하시간 : 8분/척, 7.5척/1hr
- 100척 보유 시 토, 일 공휴일 Peak 시간 3.3회 인하×2배수(인양)=6.6척
  → 부하량 88% (6.6척/7.5척·1hr)

코마린 제공 제품/서비스

제8장 마린 모바일 리프트

8-1. 마린 모바일 리프트

NAVER 마린 모바일리프트

1) 규격 및 사양

▸ KML-35T6

- 최대인양중량 : 35.0ton
- 최대높이 : 8.30m
- 최대폭 : 8.12m
- 최대길이 : 12.61m
- 타이어간 내측폭 : 5.43m
- 차축거리 : 6.25m
- 공차중량 : 24.0ton
- 제작사 : ㈜카네비컴해양 대불공장
- 국내공식판매원 : ㈜코마린

○ 주요사항

<table>
<tr><th colspan="3">description(설명)</th><th>specification(사양)</th></tr>
<tr><td rowspan="10">general information</td><td colspan="2">rated lifting capacity(정격인양용량)</td><td>35ton</td></tr>
<tr><td rowspan="9">치수
(dimension)</td><td>내측 높이</td><td>6,610mm</td></tr>
<tr><td>내측 폭</td><td>5,430mm</td></tr>
<tr><td>최대 높이</td><td>8,300mm</td></tr>
<tr><td>최대 길이</td><td>12,610mm</td></tr>
<tr><td>"U" shape cross beam(u중간빔)</td><td>2,100 ~ 3,500mm</td></tr>
<tr><td>wheel base(휠거리)</td><td>6,500mm</td></tr>
<tr><td>track guage
(축간거리)</td><td>6,250mm</td></tr>
<tr><td>최대 폭</td><td>8,420mm</td></tr>
<tr><td colspan="3"></td></tr>
<tr><td rowspan="5">engine</td><td colspan="2">engine maker/model</td><td>두산커머셜엔진/db58</td></tr>
<tr><td rowspan="2">power
(60hz,1800)</td><td>prime</td><td>64kw</td></tr>
<tr><td>standby</td><td>70kw</td></tr>
<tr><td colspan="2">cooling</td><td>liquid(액체)</td></tr>
<tr><td colspan="2">fuel</td><td>disel</td></tr>
<tr><td rowspan="2">service capacity</td><td colspan="2">연료 탱크 용량</td><td>150liter</td></tr>
<tr><td colspan="2">오일 탱크 용량</td><td>300liter</td></tr>
<tr><td rowspan="2">hoist system</td><td colspan="2">hoist</td><td>(4)independent hydraulic control</td></tr>
<tr><td colspan="2">hoisting speed</td><td>0 ~ 4min</td></tr>
<tr><td rowspan="3">wire rope</td><td colspan="2">number of lines</td><td>16(=4x4)</td></tr>
<tr><td colspan="2">wire rope dia</td><td>Ø15</td></tr>
<tr><td colspan="2">depth below grade</td><td>6,100mm(optional 12,000mm)</td></tr>
<tr><td rowspan="4">sling</td><td colspan="2">min. sling spacing
(슬링바최소간격)</td><td>2,000mm</td></tr>
<tr><td colspan="2">max. sling spacing</td><td>6,000mm</td></tr>
<tr><td colspan="2">slings</td><td>(4)nylon 2-ply, quick disconnection pin</td></tr>
<tr><td colspan="2">sling dimension</td><td>300x7920</td></tr>
</table>

drive	drive type	hydrostatic
	driving motor	2 track motor
	travelling speed	0 ~ 50m/min
steering	steering type	2-ws at 90°
	outside turning	9020mm
tier	tier type	18.00 - 25 32pr
	rim size	13.00 - 25
operation method		cabin (open type)
appx weight		24.0 ton

▸ KML-50T7

- 최대인양중량 : 50.0ton
- 최대높이 : 8.29m
- 최대폭 : 8.32m
- 최대길이 : 13.095m
- 타이어간 내측폭 : 6.50m
- 차축거리 : 7.00m
- 공차중량 : 25.9ton
- 제작사 : ㈜카네비컴해양 대불공장
- 국내공식판매원 : ㈜코마린

○ 주요사항

<table>
<tr><th colspan="3">description(설명)</th><th colspan="2">specification(사양)</th></tr>
<tr><td rowspan="3">Capacity</td><td colspan="2">Rated load</td><td colspan="2">50ton</td></tr>
<tr><td colspan="2">Trolley Spacing</td><td colspan="2">3.0~7.0m</td></tr>
<tr><td colspan="2">Lifting Height</td><td colspan="2">20m</td></tr>
<tr><td rowspan="9">Hoisting</td><td rowspan="6">Winch</td><td>Model</td><td colspan="2">BWF4100-P</td></tr>
<tr><td rowspan="3">Motor (Hydraulic)</td><td>Type</td><td>Axial Piston</td></tr>
<tr><td>rpm</td><td>860</td></tr>
<tr><td>Working pressure</td><td>210kg/㎠</td></tr>
<tr><td>Braking torque</td><td colspan="2">62.6daNm</td></tr>
<tr><td>Winding capacity</td><td colspan="2">85m</td></tr>
<tr><td colspan="2">Wire rope falls</td><td colspan="2">16(4falls×4)</td></tr>
<tr><td colspan="2">Sling type</td><td colspan="2">4 polyester boat lifting sling</td></tr>
<tr><td colspan="2">Speed</td><td colspan="2">0~4m/min</td></tr>
<tr><td rowspan="2">Trolley</td><td colspan="2">Cylinder working pressure</td><td colspan="2">140kg/㎠</td></tr>
<tr><td colspan="2">Speed</td><td colspan="2">0~2m/min</td></tr>
<tr><td rowspan="6">Travelling</td><td rowspan="3">Motor (Hydraulic)</td><td>Type</td><td colspan="2">Axial Piston</td></tr>
<tr><td>rpm</td><td colspan="2">670/1,340</td></tr>
<tr><td>Working pressure</td><td colspan="2">350kg/㎠</td></tr>
<tr><td rowspan="3">Tire</td><td>Size</td><td colspan="2">18.00–25 40PR</td></tr>
<tr><td>Max. allow load</td><td colspan="2">22,950kg(10km/h)</td></tr>
<tr><td>Wheel rim</td><td colspan="2">25-13.00/2.5</td></tr>
<tr><td rowspan="2">Steering</td><td colspan="2">Cylinder working pressure</td><td colspan="2">140kg/㎠</td></tr>
<tr><td colspan="2">Speed</td><td colspan="2">0~2m/min</td></tr>
<tr><td rowspan="2">Power unit</td><td rowspan="2">Engine</td><td rowspan="2">Power (1800rpm, 60Hz)</td><td>Prime</td><td>130ps(96kW)</td></tr>
<tr><td>Standby</td><td>143ps(105kW)</td></tr>
</table>

		Cooling	Liquid	
		Fuel	Type	Diesel
			Tank	150ℓ
	Pump A (Hoisting)	Displacement	44.3㎤/rev	
		Flow	264.6ℓ/min	
	Pump B (Trolley-Steering)	Displacement	44.3㎤/rev	
		Flow	264.6ℓ/min	
	Pump C (Travelling)	Displacement	44.3㎤/rev	
		Flow	264.6ℓ/min	
	Hydraulic oil tank capacity		640ℓ	
Power	Main power		Hydraulic	
	Control power		DC24V	
Control method			cabin (open type)	
Appx weight			25.9 ton	

2) 주요 생산 제품

모델명	내부폭 (m)	최대길이 (m)	최대높이 (m)	인양가능 무게(톤)	제품 가격(원)	비고
KML-20T6	6.2	12.6	8.3	최대 20	협의	
KML-30T6	6.2	12.6	8.3	최대 30	협의	
KML-35T6	6.2	12.6	8.3	최대 35	협의	
KML-40T11	11.0	13.1	8.3	최대 40	협의	카타마란 겸용
KML-45T9	9.0	13.1	8.3	최대 45	협의	카타마란 겸용
KML-50T7	7.0	13.1	8.3	최대 50	협의	

문의 : ㈜코마린 (www.komarine.kr)

3) 제작 / 운송 / 설치

○ 제작

▸ 구조물 제작

▸ 구조물 조립

▸ 유압 및 전기 시스템 구축

▸ 시운전 및 성능 테스트

○ 운송

○ 현장 설치

▸ 현장 조립

▸ 현장 테스트

▸ 현장 제품검사

▸ 현장 교육 및 시연

4) 안전인증

○ 마린 모바일 리프트 안전인증 서면심사 결과서

▸ KML-35T6

심사결과 통지서

신청인	사업장명	(주)카네비컴	사업장관리번호	122-81-644000
	사업자등록번호	122-81-64400	대표자 성명	정종택
	소재지	(403 - 843) 인천 부평구 경원대로 1190(십정동)		
안전인증대상 기계·기구명		갠트리크레인		
형 식 (규 격)		KML35T6	용 량 (등 급)	35 Ton

산업안전보건법 제 34조 및 같은 법 시행규칙 제58조의4에 따라 실시한

[ ] 예비심사
[√] 서면심사
[ ] 기술능력 및 생산체계 심사
[ ] 개별 제품심사
[ ] 개별 제품심사(제작중)
[ ] 형식별 제품심사

결과가 [√] 적 합 [ ] 부적합 함을 통지합니다.

2014년 02월 06일

인증심사원

한국산업안전보건공단 중부지역본부장

▸ KML-35T6A

■ 산업안전보건법 시행규칙 [별지 제10호의 5서식]

심사결과 통지서

신청인	사업장명	(주)카네비컴	사업장관리번호	12281644000
	사업자등록번호	122-81-64400	대표자 성명	정종택
	소재지	인천광역시 부평구 경원대로 1190 (십정동)		

안전인증대상기계 · 기구명	갠트리크레인		
형식(규격)	KML35T6A	용량(등급)	35 ton

『산업안전보건법』 제34조 및 같은 법 시행규칙 제58조의4제4항에 따라 실시한

[ ] 예비심사
[■] 서면심사
[ ] 기술능력 및 생산체계심사 결과가 [■] 적 합 / [ ] 부적합 함을 통지합니다.
[ ] 개별 제품심사
[ ] 형식별 제품심사

2018년 04월 09일

인증심사원

한국승강기안전공단 이사장

▸ KML-50T7

■ 산업안전보건법 시행규칙 [별지 제10호의 5서식]

심사결과 통지서

신청인	사업장명	(주)카네비컴	사업장관리번호	12281644000
	사업자등록번호	122-81-64400	대표자 성명	정종택
	소재지	인천광역시 부평구 경원대로 1190		

안전인증대상기계ㆍ기구명	갠트리크레인		
형식(규격)	KML50T7	용량(등급)	50 ton

『산업안전보건법』 제34조 및 같은 법 시행규칙 제58조의4제4항에 따라 실시한

[ ] 예비심사
[■] 서면심사
[ ] 기술능력 및 생산체계심사　　결과가　[■] 적　합　[ ] 부적합　함을 통지합니다.
[ ] 개별 제품심사
[ ] 형식별 제품심사

2015년 12월 23일

인증심사원

한국승강기안전기술원 이사장

○ 마린 모바일 리프트 안전인증 제품심사 결과서

▸ KML-50T7

설치장소 : ㈜카네비컴 해양

■ 산업안전보건법 시행규칙 [별지 제10호의 5서식]

심사결과 통지서

신청인	사업장명	(주)카네비컴	사업장관리번호	12281644000
	사업자등록번호	122-81-64400	대표자 성명	정종택
	소재지	인천광역시 부평구 경원대로 1190 (십정동)		

안전인증대상기계 · 기구명	갠트리크레인		
형식(규격)	KML50T7 [설치장소 : (주) 카네비컴해양 / 연구과제용]	용량(등급)	50 ton

『산업안전보건법』 제34조 및 같은 법 시행규칙 제58조의4제4항에 따라 실시한

[ ] 예비심사

[ ] 서면심사

[ ] 기술능력 및 생산체계심사 결과가 [■] 적 합 / [ ] 부적합 함을 통지합니다.

[■] 개별 제품심사

[ ] 형식별 제품심사

2017년 06월 28일

인증심사원

한국승강기안전공단 이사장

최초안전검사 실시일 : 2020년 06월 27일 이내

- KML-50T7

  설치장소 : 양양군 수산항

■ 산업안전보건법 시행규칙 [별지 제10호의 5서식]

심사결과 통지서

신청인	사업장명	(주)카네비컴	사업장관리번호	12281644000
	사업자등록번호	122-81-64400	대표자 성명	정종택
	소재지	인천광역시 부평구 경원대로 1190 (십정동)		

안전인증대상기계·기구명	갠트리크레인		
형식(규격)	KML50T7 [설치장소 : 양양군청 해양수산과 / 강원도세일링연맹]	용량(등급)	50 ton

「산업안전보건법」 제34조 및 같은 법 시행규칙 제58조의4제4항에 따라 실시한

[ ] 예비심사
[ ] 서면심사
[ ] 기술능력 및 생산체계심사
[■] 개별 제품심사
[ ] 형식별 제품심사

결과가 [■] 적 합 / [ ] 부적합 함을 통지합니다.

2018년 04월 03일

인증심사원

한국승강기안전공단 이사장

최초안전검사 실시일 : 2021년 04월 02일 이내

○ 마린 모바일 리프트 안전인증서

▸ KML-50T7

설치장소 : ㈜카네비컴 해양

■ 산업안전보건법 시행규칙 [별지 제10호의 6서식]

제 CK-2017-50451 호

안 전 인 증 서

(사업장명) (주)카네비컴
[설치장소 : (주)카네비컴해양 / 연구과제용]

(소 재 지) 인천광역시 부평구 경원대로 1190 (십정동)

위 사업장에서 제조하는 아래의 품목이 『산업안전보건법』 제34조 및 같은 법 시행규칙 제58조의4제4항에 따른 안전인증 심사결과 안전·보건기준에 적합하므로 안전인증표시의 사용을 인증합니다.

품 목	:	갠트리크레인
형식(용량)	:	KML50T7(50 ton)
인증번호	:	17-CK1AC-50451
인증기준	:	위험기계·기구 안전인증기준 (고용노동부고시 제2016-29호)
인증조건	:	산업안전보건법 "제34조 준수"

2017년 06월 28일

한국승강기안전공단 이사장

▸ KML-50T7

설치장소 : 양양군 수산항

■ 산업안전보건법 시행규칙 [별지 제10호의 6서식]

제 CG-2018-50786 호

안 전 인 증 서

(사업장명) (주)카네비컴
[설치장소 : 양양군청 해양수산과 / 강원도세일링연맹]

(소 재 지) 인천광역시 부평구 경원대로 1190 (십정동)

위 사업장에서 제조하는 아래의 품목이 『산업안전보건법』 제34조 및 같은 법 시행규칙 제58조의4제4항에 따른 안전인증 심사결과 안전 · 보건기준에 적합하므로 안전인증표시의 사용을 인증합니다.

품 목	:	갠트리크레인
형식(용량)	:	KML50T7(50 ton)
인증번호	:	18-CG1AC-50786
인증기준	:	위험기계 · 기구 안전인증기준 (고용노동부고시 제2016-29호)
인증조건	:	산업안전보건법 "제34조 준수"

2018년 04월 03일

한국승강기안전공단 이사장

○ 마린 모바일 리프트 성능테스트 시험성적서

Certificate for Marine Mobile Lift

Page 1 of 1

		Certificate No :	MKPIT-0002-17
Date of Issue	18 July 2017	Date of Commencement	12 July 2017
Work's Order No.	-	Purchase Order No.	-
Place of Inspection	YEONGAM, KOREA	Office	Mokpo Office
Manufacturer	CARNAVICOM CO.,LTD.		
Purchaser	-		

This Certificate is issued to the above client to certify that the undersigned Surveyor did at their request attend the above place for the purpose of examining and testing the item of material, equipment or any other item covered by this certificate in accordance with the manufacturer's specification and found it satisfactory.

Job ID. No.	MKP-M0081-17	Quantity/Weight	1 EA
Intended for	PERFORMANCE TEST FOR MARINE MOBILE LIFT		
Description	MARINE MOBILE LIFT (SWL 50 tons)		
Approval Status	-		

Particulars :

1. Item description : Marine Mobile Lift
2. Safety Working Load(SWL) : 50tons
3. Dimension : Length(13095mm) x Breadth(8505mm) x Depth(8290mm)

Testing and Inspection :

1. 권상 동작
   - Max Hoisting Speed: 0.87m/min(Test Load: 50tons)
2. 횡행 동작
   - Max Trolley Speed: 4.38m/min
3. 주행 동작
   - Max Travelling Speed: 46.9m/min(Test Load: No Load), 41.2m/min(Test Load: 50tons)
4. 안전리미트
   - Setting Distance: 50mm - Measured Distance: 50.17mm
5. 동적거동
   - Roll Motion Damping Ratio: 0.0587(Hoisting Condition), 0.0314(Travelling Condition)

Marking, Serial No. and Remarks :

KR MKPIT.0002
18.07.2017
Refer to the attached test report(Report No.: CNR-20170718-001, Total 11 Pages) for more details.

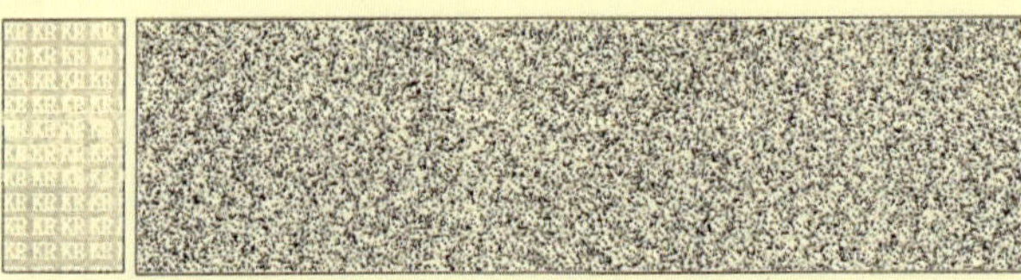

This Certificate is a representation only that the item of material, equipment or any other item covered by this Certificate has been examined for compliance with the Rule Requirement of this Society. Nothing contained in this Certificate or in any Report issued in contemplation of this Certificate shall be deemed to relieve any customers of this Society or other entity of any warranty expressed or implied.

FORM GE01(2015.12) 36,Myeongji ocean city 9-ro, Gangseo-gu, Busan, 46762 Rep. of KOREA http://mesis.krs.co.kr

5) 보험

마리나 항만의 조성 및 관리 등에 관한 법률의 제28조의2 제1항에 따라 마리나업 등록을 한 자는 동법 제28조의8에 따라 가입기간과 가입금액의 기준에 충족하는 보험 또는 공제에 가입하여야 한다.

- 가입기간 : 마리나업의 등록기간 동안 계속하여 가입할 것
- 가입금액 : 자동차손해배상보장법 시행령 제3조제1항에 따른 금액 이상의 보험 또는 공제에 가입할 것

> * 자동차손해배상보장법 시행령 제3조제1항
>
> 제3조(책임보험금 등) ① 법 제5조제1항에 따라 자동차보유자가 가입하여야 하는 책임보험 또는 책임공제(이하 "책임보험등"이라 한다)의 보험금 또는 공제금(이하 "책임보험금"이라 한다)은 피해자 1명당 다음 각 호의 금액과 같다. <개정 2014.2.5., 2014.12.30.>
>
> 1. 사망한 경우에는 1억5천만원의 범위에서 피해자에게 발생한 손해액. 다만, 그 손해액이 2천만원 미만인 경우에는 2천만원으로 한다.
> 2. 부상한 경우에는 별표 1에서 정하는 금액의 범위에서 피해자에게 발생한 손해액. 다만, 그 손해액이 법 제15조제1항에 따른 자동차보험진료수가(診療酬價)에 관한 기준(이하 "자동차보험진료수가기준"이라 한다)에 따라 산출한 진료비 해당액에 미달하는 경우에는 별표 1에서 정하는 금액의 범위에서 그 진료비 해당액으로 한다.
> 3. 부상에 대한 치료를 마친 후 더 이상의 치료효과를 기대할 수 없고 그 증상이 고정된 상태에서 그 부상이 원인이 되어 신체의 장애(이하 "후유장애"라 한다)가 생긴 경우에는 별표 2에서 정하는 금액의 범위에서 피해자에게 발생한 손해액

그러나 마리나업에 적용되고 있는 대상은 선박에 국한되어 있으며, 상하가 등 다른 용도를 위한 장비 및 장치에는 적용되지 않고 있다. 그럼에도 불구하고 향후 법제적 개선과 안전한 마리나 운영을 위해 제품자체에 적용 가능한 생산물배상 책임보험과 운영에 필요한 영업배상 책임보험을 적용할 수 있다.

○ 마린 모바일 리프트 보험

▸ 생산물배상 책임보험(제조 회사)

상품을 산 사람이 사용도중 상품설계, 제작상의 잘못이나 제조업체의 사전 주의 의무 소홀로 다치게 될 경우를 대비 제조업체가 가입하는 보험이다.

청약서

생산물배상책임보험(Ⅰ)-손해사고기준

계약자	(주)카네비컴	계약자번호	122-81-64400
	21440 인천 부평구 십정동 **********		
피보험자	(주)카네비컴	피보험자번호	122-81-64400
보험기간		청약일	2018.04.27
첫회보험료	5,667,000 원 (1회 / 일시납)	총보험료	5,667,000 원

가입내역

목적물	목적물명	▶ 제품 (생산물)		
	소재지	99999 전국일원 .		
	제품종류구분코드	건설자재(大) 기타	보험료기초종류	매출액
	보험료기초값		사업구분코드	완성품제조업자
	자체요율하입코드		재판관할법원명	대한민국
	제품구분코드	제품(식품제외)	음식구분코드	할인할증비대상

보장조건	화폐	보장/공제금액	보험료
생산물 대인대물일괄 (사고당 보상한도)	KRW	300,000,000	5,667,000
생산물 대인대물일괄 (총보상한도)	KRW	600,000,000	
생산물 대인대물일괄 (사고당 자기부담금)	KRW	300,000	
보험료합계			5,667,000

사용된약관

생산물배상책임보험 Ⅰ (손해사고기준) 보통약관

날짜인식오류 보상제외 특별약관

정보기술 추가약관 (사이버위험 보상제외 추가약관)

기타사항

갱신계약여부	아니오	정산대상코드	아니오
다른보험가입여부	아니오	연간구간구분	연간계약
별첨서류여부	아니오		

계약관련자

계약관련자	계약관련자번호	계약관련자명
피보험자	1228164400	(주)카네비컴

추가기재사항

-. 담보내용 생산물 마린모바일리프트

-. 담보지역/재판관할권 대한민국 / 대한민국

-. 보험조건

다음장 계속 ▶

[상품설명서 출력대상]

[심사승인완료]

삼성화재 SAMSUNG

발행일: 2018-04-26 16:33:07 [페이지 1/3]

▸ 영업배상 책임보험(운영 회사)

기업이 영업활동을 함으로써 발생할 수 도 있는 각종 위험에 대해 제3자에게 신체적으로나 재물적으로 손상을 끼쳐 법률상 배상책임이 있을 경우 보상하는 보험이다.

청약서

영업배상책임보험

계약자		계약자번호	
피보험자		피보험자번호	
보험기간		청약일	2018.04.16
첫회보험료	4,580,500 원 (1회 / 일시납)	총보험료	4,580,500 원

가입내역

목적물	목적물명	▶ 건설기계		
	소재지	99999 전국일원 .		
	건설기계등록번호		건설기계유형	기중기
	건설기계유형코드	기중기등 1종	트럭적재식여부	아니오
	타이어식구분코드	타이어식	보험료기초종류	건설기계댓수
	보험료기초값	1		

보장조건	화폐	보장/공제금액	보험료
건설기계업자 대인대물일괄 (사고당(연간총) 보상한도)	KRW	300,000,000	3,965,000
건설기계업자 대인대물일괄 (사고당 자기부담금)	KRW	300,000	
보험료합계			3,965,000

목적물	목적물명	▶ 수탁물		
	소재지	99999 전국일원 .		
	수탁물구분코드	일반수탁품(일반시설 내)	보험료기초종류	건설기계댓수
	보험료기초값	1		

보장조건	화폐	보장/공제금액	보험료
물적손해확장(건설기계) (사고당 및 연간총 보상한도)	KRW	30,000,000	625,500
물적손해확장(건설기계) (사고당 자기부담금)	KRW	500,000	
보험료합계			625,500

사용된약관

영업배상책임보험 보통약관

건설기계업자 특별약관

물적손해확장 추가특별약관

정보기술 추가특별약관 (사이버위험 보상제외 특별약관)

날짜인식오류 보상제외 추가약관

테러행위 면책 특별약관

기타사항

갱신계약여부	아니오	납입주기	일시납
연간구간구분	연간계약	피보험자관계	본인

다음장 계속 ▶

[심사승인완료]

삼성화재 SAMSUNG

발행일: 2018-04-12 14:23:28 [페이지 1/2]

6) 수산항(양양군) 납품과 이용

○ 수산항(양양군) 납품

○ 수산항(양양군) 이용서비스

- 참고자료 1: 국내 주요 마리나 소개의 수산항 마리나(양양) 참고

7) 홍보자료

Marine Mobile Lift - 35
(마린 모바일 리프트)

On Time, On Site
On Standard, On Budget

Marina Yacht / Boat Hoisting Equipment

☑ 마린 모바일 리프트는 어항, 마리나에서 어선, 보트, 요트를 상 · 하가 하기 위한 이동형 호이스트 크레인 입니다. 국내외 안전기준을 준수하고 항만 특성에 맞는 제품으로 KCs규격 인증을 받았습니다. 상 · 하가 작업시 안전하고 신속하게 운영할 수 있어서 시간, 인력, 비용을 절약할 수 있습니다.

Main Features

- **기술 특징**
  - 독립된 2바퀴 유압 실린더 조향 시스템으로 안전운전 / 조작 편리성 향상
  - 수동밸브와 전기제어 안전회로의 조합형으로 과부하 방지 회로 구성
  - 유압실린더와 실린더보기 Wire Rope 조합형 Trolley 횡행 방식 적용
- **기술지원**
  - 무상 A/S 3년
  - 긴급 출동 무상 점검 서비스
  - 주요부품의 국산화로 빠른 기술지원
  - 항만 도크 · 레일 설계시 기술지원
- **KCs 규격 취득**
- **안전 방호물로 안전확보**
  - 근접 감지센서/ 타이어 서포트 /CCTV 모니터 비상멈춤 스위치/안전 사다리/레이저 유도장치

Standard

고용노동부고시 제2012-33호 위험기계 기구 의무안전인증 •
한국산업표준 (KS) / 유럽표준기준(EN) / 독일공업규격(DIN) / 일본공업규격 (JIS) •
IEC 60204-1, etc / EN 13001-1 / EN 13001-2 •
KCs인증 •

Marine Mobile Lift — Specification

※ 이해를 돕기 위한 이미지로 실공급 사양과 다를 수 있습니다.

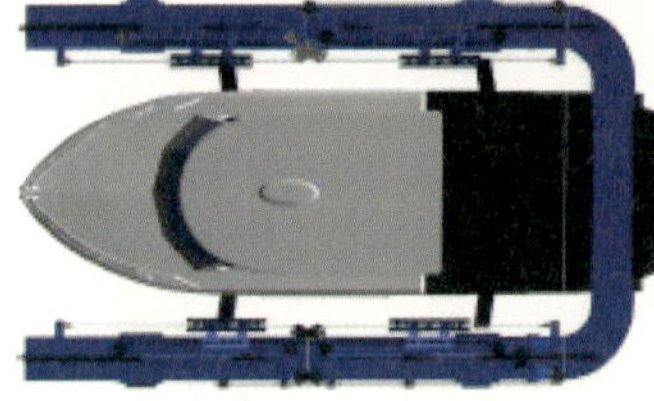

- Rated Lifting Capacity : 35Ton
- Inside Clear Height : 6,61m
- Inside Clear width : 5,43m
- Overall Height : 8,30m
- Max. Length : 12,61m
- "U" Shape Cross Beam : 2,10 ~ 3,50m
- Wheel Base : 6,50m
- Track Guage : 6,25m
- Overall Width : 8,42m

주요특징

A/S 서비스
- 무상 A/S 3년, 1년 2회 방문 점검
- 긴급 출동 무상 점검 서비스

기술 지원
- 항만 특성에 맞는 주문형 제작
- 항만 설계시(돌핀 레일) 기술지원
- 운용법 연수교육 및 매뉴얼 제공

유지보수
- 유지보수용 관리 사이트 제공
- 국산부품 사용으로 저비용, 고효율 관리

Hoist Winch
- 드럼내부에 기계식 브레이크 장착
- 과권화(잔여권수 n=3)방지장치
- Wire Rope 난권 방지용 누름장치
- 낙하방지 브레이크 회로

상 · 하한 리미트 스위치
- Spindle Type Limit Switch
- Gearing에 의한 회전수 전달

Steering Hyd. Diagram
- 주행바퀴 Alignment 표시
- Inner Wheel Steering Cylinder Stroke
- 수동 방향 전환 밸브(작업용)

Travelling Mechanism
- 2 Stage Speed
- Track Motor 기계식 브레이크 장착형
- Oil 소요량을 최소화하는 유압회로 구성

제 어
- 과부하 방지장치 Kosha 안전 인증품 부착
- 전기식 과부하 방지장치 작동시 권상동작을 중지시키고 권하동작은 가능한 유압회로 및 전기회로 구성

OPTION PARTS

JIB CRANE
- 주문형 집크레인 0 ~ 0.3ton
- 어선/요트/보트 선용품 이동
- 자가 수리작업

상하가 작업 보조장치
- 야간 작업등 (육상, 해상)
- 야간 레이저 유도등
- 기상관측 센서 (풍향, 풍속, 기온, 기압, 습도 등등)

안전 보호 장치
- 근접 감시 센서 (주행시 사람이나 물체 접근시 감지)
- 타이어 서포트(펑크시 전도사고 방지)
- CCTV 모니터(사각지역 감시)

Marine Mobile Lift KML-50T7

50톤급 마린 모바일 리프트

Rated Load	Max. 50.0 ton
Span	7.025m
Sling Space	3~7m
Overall Height	8.290m
Overall Width	8.325m
Overall Length	13.095m

마리나의 효율적인 운영, 육상계류 및 수리
레저보트/요트/어선 등 상하가 위한 마리나 필수 장비
국내 소형선박 및 레저보트 선폭 등 고려
최대 50톤까지 상하가 가능
자체 설계/제작

주요특징	FEATHRUE
호이스트 · 드럼내부 기계식브레이크장착 · 과권화 방지장치 · 엔진-유압펌프및장치-유압오일 탱크 텐덤형 제작	**HOIST WINCH** · Gear Break in Drum · Overwinding Cut S/W · Tandem Style(Engine-Oil hyd. Pump and Tank)
상하가 제한장치 · 상한 리미트 스위치 -1m접근시 경보 -0.25m접근시 상가정지 · 하한 리미트 스위치 -잔여권수(n=3)감지시 정지	**LIFTING LIMITED** · Max. Limited switch - Warning : approach 1m - Stop : approach 0.25m · Min. Limited switch - Stop : remain winding(n=3)
안전보호장치 · 타이어 서포트(펑크시 전도방지) · 고박장치(외력에 의한 이동방지) · 거더사다리(점거및 보수시 이용) · 비상정지장치 · 근접감지센서	**SAFEGUARD** · Tire support · Lashing Device · Girder Ladder · Emergency Stop Equipment · Proximity Sensor
기술지원 · 항만특성에 맞는 주문형 제작 · 고정잔교(도크레일) 제작 기술지원 · 운용법 연수/교육 · 운용매뉴얼 제공	**TECHNICAL ASSISTANCE** · Customized product manufacturer · Pier production support · Operating training · Provide manual

KCs "산업안전보건법" 제34조 및 동법 시행규칙 제58조의4제4항에 따라 실시한 서면심사를 통과한 제품입니다.

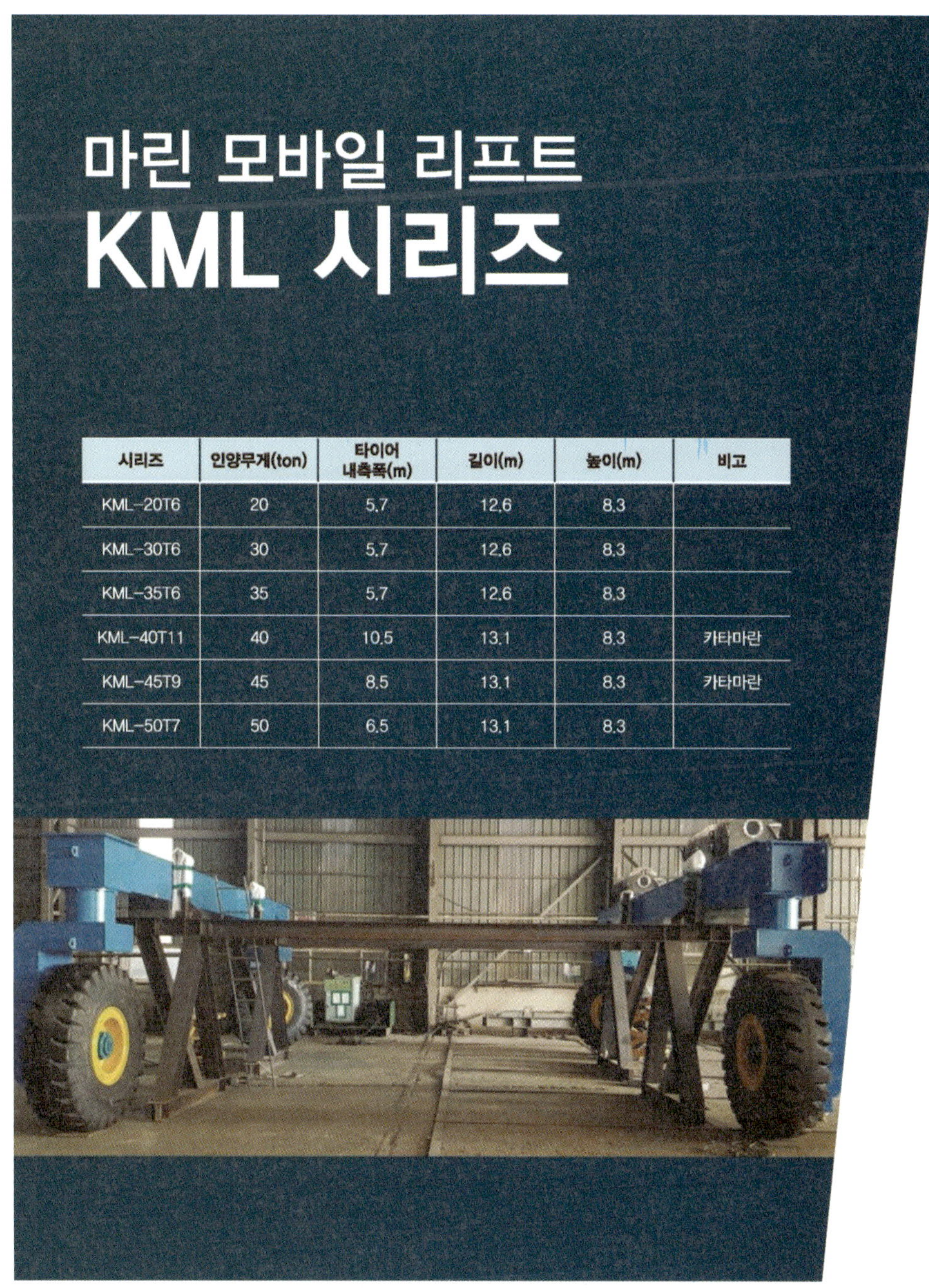

마린 모바일 리프트 KML 시리즈

시리즈	인양무게(ton)	타이어 내축폭(m)	길이(m)	높이(m)	비고
KML-20T6	20	5.7	12.6	8.3	
KML-30T6	30	5.7	12.6	8.3	
KML-35T6	35	5.7	12.6	8.3	
KML-40T11	40	10.5	13.1	8.3	카타마란
KML-45T9	45	8.5	13.1	8.3	카타마란
KML-50T7	50	6.5	13.1	8.3	

02 | Marine Mobile Lift

More Safely
More Speedy
More Yarely

**마리나, 육상 계류 및 수리를 위한
효율적인 운영이 가능합니다.**

**해양 레저 보트, 요트, 어선 등을 위한
마리나의 기본 장비 입니다.**

**상하가 가능한 선폭을 고려하여
리프트의 내부 폭이 제작되었습니다.**

**모델에 따라 50톤 이내의 선박을
상하가 할 수 있습니다.**

**디자인, 설계, 제작, 설치, A/S까지
모든과정이 국내에서 진행됩니다.**

Marine Mobile Lift | 03

MARINE MOBILE LIFT

주요특징

상하가 제한장치

❖ **상한 리미트 스위치**
- 1m 접근시 경보
- 0.25m 접근시 상가 정지

❖ **하한 리미트 스위치**
- 잔여권수(n=3) 감지 시 정지

호이스트

❖ **드럼내부 기계식 브레이크 장치**

❖ **과권화 방지장치**

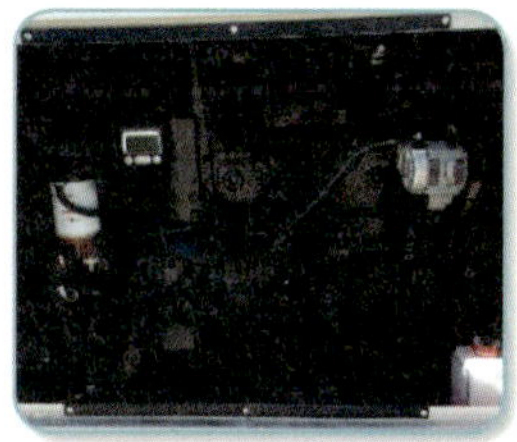

❖ **엔진-유압펌프 및 장치-유압오일탱크 텐덤형 제작**

㈜카네비컴 해양 대불공장

안전장치

❖ 타이어 서포트 (펑크시 전도 방지)

❖ 안전손잡이 (점검 및 보수시 이용)

❖ 비상정지장치 / 근접감지센서

기술지원

❖ 항만특성에 맞는 주문형 제작 리프트 피어 설계 기술 지원

❖ 운용법 연수/교육

❖ 운용매뉴얼 및 장비관리 사이트 제공 (http://komarine.cafe24.com)

특허보유

❖ 마린 모바일 리프트

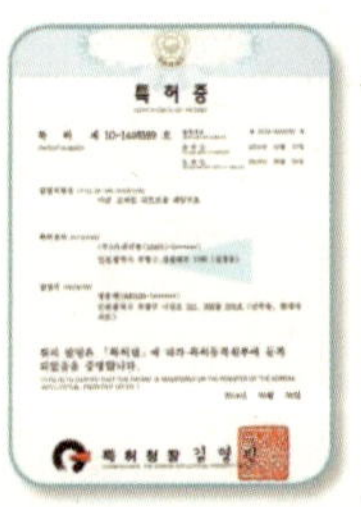

❖ 마린 모바일 리프트용 레일구조

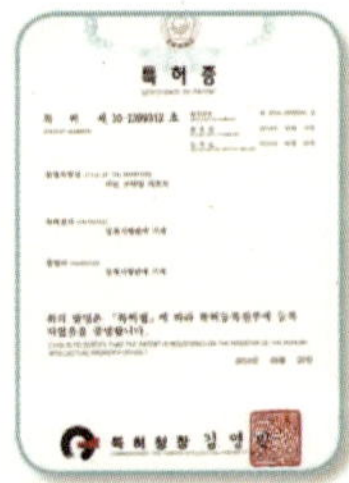

❖ 마린 모바일 리프트

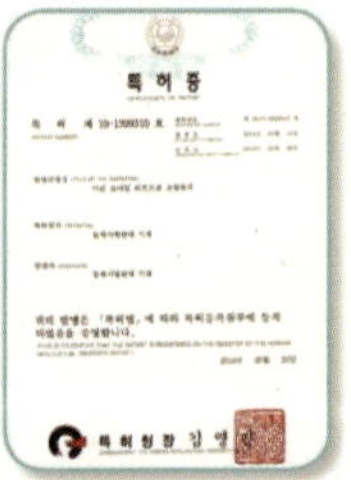

❖ 마린 모바일 리프트용 조향장치

○ 전시회 홍보

▸ 2015 국제 해양안전장비 박람회(인천 송도컨벤시아)

▸ 2016 부산국제보트쇼(부산 BEXCO)

▸ 2017 경기국제보트쇼(일산 KINTEX)

8-2. 마린 모바일 리프트 매뉴얼

1) 운용 매뉴얼

▸ 사전점검 절차

사고를 예방하여 인명안전을 보장하고 기계의 사용수명 및 정상 운전을 보장하기 위해 기계를 작동하기 전, 정확한 검사를 실시한다.

○ 육안검사

- 기계지지 구조물
- 리프팅 장비(드럼, 와이어로프, 슬링벨트, 쉬브)의 고장 의심

- 타이어 압력(필요시 공기주입)

- 누유, 유압회로 부품의 고장 및 실링(모터, 펌프, 파이프, 조인트, 분배기) 및 탱크의 유압 오일 유량

발견한 결함은 감독자에게 보고해야하며, 고장, 비정상 동작 및 소음, 변형, 파손 의심, 누유 등의 고장은 엔진을 끄고 기기에 "사용불가" 표시를 부착한다.

○ 안전한 상태에서 작업하려면 작업구역을 밝히는 조명을 확인
○ 모든 컨트롤, 경고 호각 및 안전장비가 바르게 작동되는지 확인하고, 문제발생시 담당 장에게 즉시 보고한다.
○ 드럼에 감긴 와이어로프의 정상작동을 위해 후크 블록을 땅에 내려놓지 않는다.
○ 작업구역이 완전히 비워져 있는지 확인한다.
○ 마린 모바일 리프트를 작동하기 전 기계 및 구조물 주변에 사람이 있는지 정확하게 확인한다.
○ 특히, 마린 모바일 리프트 주변 여유 공간은 최소 1.5m 이상 유지시킨다.
○ 상하가 작업 시 선박으로 인해 작업자의 시야확보가 안되면, 슬링거 및 다른 사람의 도움을 받아야 한다.

○ 상하가 작업 전 :
- 작업구역의 돌출된 부분이나 선박-마린 모바일 리프트 간의 안전거리 유지
- 슬링 위치가 선체 용골 아래에 바르게 위치하는지 확인
- 후크 블록의 슬링지지 샤클 핀의 고정 확인

▸ 안전 규정 및 경고

교육 및 허가된 인력만 마린 모바일 리프트를 작동해야 한다.

○ 작동 전 반드시 경고 표시
○ 가능하면 리프팅 포인트에 항상 일정한 하중을 분산
○ 선박의 수평상태 유지
○ 허가된 작업장을 벗어나는 이동 금지
○ 허가된 작업장을 벗어날 경우, 부저 또는 사이렌을 울려서 작업의 시작과 이동을 알림.
○ 자리를 비울경우에는 모든 컨트롤러를 "0"으로 조절하고, 모든 후크블록을 상단으로 이동 후 조작판에서 키를 빼놓는다.
○ 사용자 설명서 지침 준수
○ 기계의 지침 및 경고 준수
○ 문제 또는 고장 발생 시 훼손이 의심되거나 잘못된 이동 또는 비정상 소음 발생 시 마린 모바일 리프트 사용 금지
○ 유지보수 계획 필수 준수
○ 슬링이 다양한 연결부에 단단하게 연결되었는지 확인하고, 슬링을 꼼꼼하게 천천히 당겨서 팽팽하게 유지
○ 제조사가 공급하는 부품만 사용
○ 브레이크 및 한계 스위치 작동은 상시 점검
○ 케이블, 슬링, 후크블록은 정기적으로 점검

▸ 금지된 동작

허가되지 않은 작동, 부적절한 사용 또는 계획된 유지보수 미실시 등으로 인명안전을 심각하게 위협할 수 있으며, 선박 등을 훼손시키고 마린 모바일 리프트의 기능과 안전을 보장할 수 없다.

○ 마린 모바일 리프트 최대 상하가 중량을 초과하는 선박 및 제대로 걸리지

않은 선박 상하가 금지

- 선박을 비스듬히 상하가 금지
- 얼려있는 선박 및 지면의 상하가 금지
- 최고속도로 상하가 금지
- 불안정한 크래들 또는 스캐어 폴딩 등에 선박 거치 금지
- 뒤집히거나 급격하게 흔들릴 수 있는 무게중심이 벗어난 선박의 상하가 금지
- 후크블록은 지면에 거치 금지
- 이동 중 정지하기 위해 이동 반대방향으로 작동 금지
- 사람의 머리위로 이동 금지
- 상하가 중 선박 내부에 승선 및 이동 금지
- 무자격자, 신체적 이상이 있는 자, 16세 이하의 사람의 조작 금지
- 장력이 발생중인 회전시브, 와이어 로프에 손대지 않도록 주의
- 균형이 맞지 않는 선박 상하가 금지
- 적합성 및 안정성 점검되지 않는 슬링벨트 사용금지
- 안전장비 없이 기계 및 부품의 기능 및 조작 금지

▸ 폴리에스터 슬링 및 링

마린 모바일 리프트에는 화학섬유(폴리에스터) 벨트로 만든 잘 휘는 납작한 슬링과 리프팅 링이 있으며, 매우 질겨서 상하가용으로 적합하다. 그러나 몇 가지 외부적 약품에 취약하며, 손상 시 강도가 약해진다. 이탈리아 UNI EN 1492-1 표준에 규정된 폴리에스터 리프팅 링 및 벨트 사용지침을 반드시 준수한다.

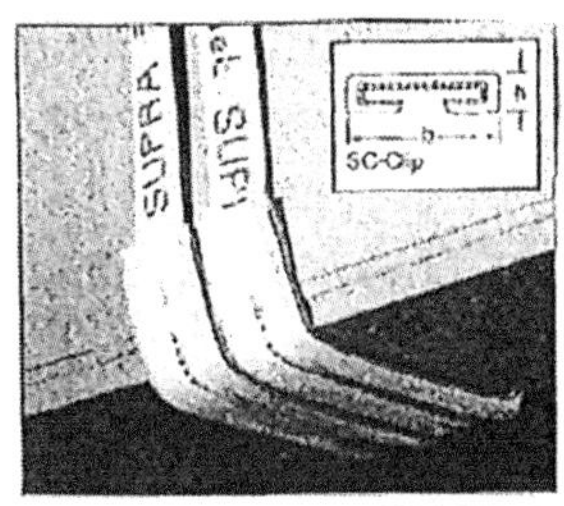

- 슬링 및 링에는 인양하중이 표기되어 있어야 하고, 외관상 훼손된 부분이 있으면 사용금지
- 최대 인양용량을 초과 금지, 안전한 한계 내에서 기계가 견딜 수 있는 최대 용량 확인

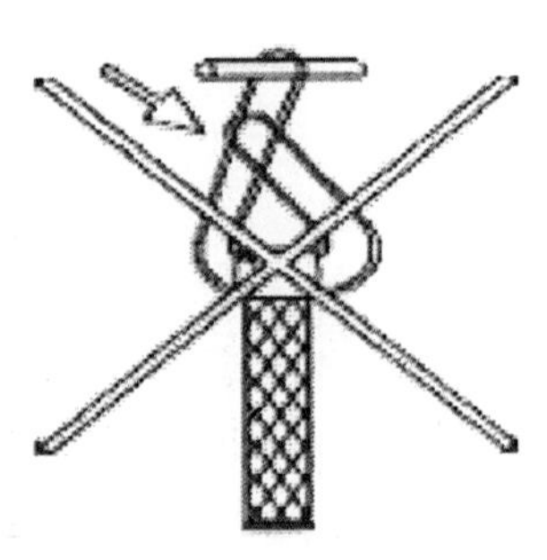

- ○ 슬링 각도 증가 시 상하가 용량 감소
- ○ 슬링벨트 일부에 무게가 쏠리지 않도록 상하가 시 무게중심 주의
- ○ 마찰에 의한 슬링벨트 손상 점검
- ○ 강도증가를 위한 슬링이나 링에 매듭금지
- ○ 슬링과 링에 화학물질 접촉 금지
- ○ 슬링과 링을 "올가미"형식으로 사용 금지
- ○ 미사용 시 건조하고 적절하게 난방이 되는 장소에 햇볕을 피해 보관
- ○ 화염이나 열원 근처에 보관 금지
- ○ 슬링과 링이 뾰족한 모서리, 칼날 또는 연마성 표면에 닿지 않도록 주의
- ○ 모서리 보호대, 보호피복, 보호덮개 등 적절한 보호 장치 사용

▸ 슬링과 링의 분해 및 정기 검사

리프팅 부속품 중에서 폴리에스터 슬링 및 링은 사용 중 정적 및 동적 응력을 주로 받고 화학약품과 환경적 영향에도 영향을 받으므로, 특별한 주의와 수시 검사가 필요하다. 슬링과 링은 인양 작업을 할 때마다 길이 전체를 점검해야 하고, 다음과 같은 여건에 노출되었을 경우 교체한다.

- 절단 또는 마모가 일어날 수 있는 기계적인 원인
- 화재의 원인이 되는 드러난 불꽃
- 장기간의 끓는 물
- 무해한 산 및 알칼리 용액도 증발하여 진하게 농축 시
- 헥실아민, 시클로헥실, 50℃ 이상의 크레오소트 같은 트리메틸 페놀이 함유된 유기용매
- 페놀, 메타코로솔산
- 무기염류, 황화암모늄
- 알칼리, 수산화칼륨(라임), 수산화칼륨 또는 수산화나트륨 용액, 암모늄, 가성소다
- 50℃ 이하의 온도에서 산, 특히 질산, 클로로설퍼릭, 불산 및 황산의 경우 오염된 슬링 사용 중지한 다음, 찬물에 담가서 건조시키고 유자격자에게서 점검
- 오염된 슬링 또는 링을 교체하지 않은 경우 끊어지는 사고가 발생하여 중상을 입거나 손상 발생
- 폴리에스터 섬유 슬링은 –40℃ ~ 100℃의 온도에서 사용 및 보관

- 저온에서는 습기 때문에 만들어진 얼음이 절단제 및 연마제 역할을 해서 슬링에 내부 손상이 일어나고 유연성 감소
- 납작한 슬링의 기능이 더 오래 가도록 하려면 직사광선에 장기간 노출금지

슬링을 안전하고 연속해서 사용하려면 다음과 같은 결함이 발견되는 즉시 교체한다.

- 유연성 감소
- 몇 군데에서 연속적으로 지나친 마찰 발생
- 횡방향 및 종방향으로 잘린 흔적
- 유해한 화학물질과의 접촉에 의한 표면 균열 흔적(마모 가능성 있음)
- 가열 또는 마찰에 의한 화학섬유의 용융
- 제조일로부터 5년 경과

▸ 조작

○ Controller

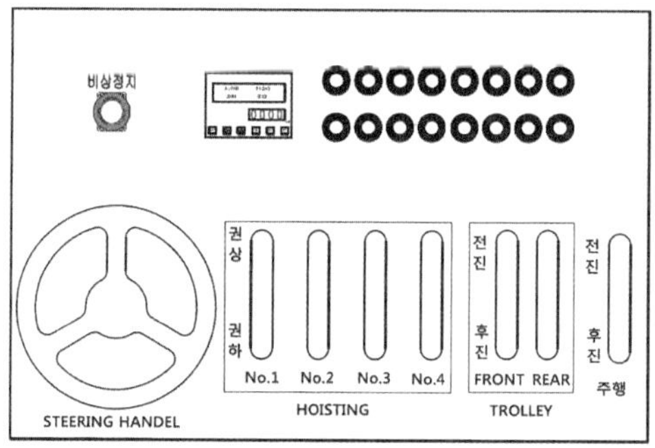

○ 비상정지(Emergency Stop)

마린 모바일 리프트 작업 중 위험 상황 시 모든 동작을 중단할 때 버튼을 누른다.

- 비상시에만 사용하여야 한다.
- 비상정지 스위치를 작동한 경우에는 작동중인 동력이 차단되도록 할 것
- 스위치의 복귀도 비상정지 조작 직전의 작동이 자동으로 되지 않도록 할 것
- 비상 정지용 누름 버튼은 적색이고 머리 부분이 돌출되고 수동 복귀되는 구조로서 작동상태 양호 확인

○ 전진 및 후진 진행 (Travelling)

작동을 시작하기 전에 조작자는 다음과 같은 사항을 점검해야 한다.

- 누군가 기계에서 작업 중인지, 기계 근처에 있는지, 취급할 단정에 사람이 오르지 않았는지 확인
- 사고를 예방하려면 어떤 상황에서든 기계 및 하중을 통제
- 인양물을 최대 속도로 작업 금지
- 작동 공간에 제약이 있을 경우에도 작업금지

주행 방향으로 컨트롤 레버를 조작할 때 급작스럽게 꺾지 말고 천천히 조작하여 부드럽게 시작하며, 엔진 속도로 연결되는 레버 각도로 기계 주행 속도가 설정된다.

속도를 줄이려면 컨트롤 레버를 천천히 가운데 지점으로 위치시키고, 레버 조작 속도로 브레이크가 작동되는 정도가 설정된다.

○ 방향 전환 (Steering)

컨트롤 핸들을 원하는 쪽으로 이동한다.

- 원하는 방향이 될 때까지 해당 각도를 유지한 다음 가운데로 복귀한다.
- 원하는 방향으로 휠을 돌린다.
- 휠을 재정렬하거나 반대 방향으로 전환하려면 핸들을 반대 방향으로 움직인다.

방향 전환 및 주행 동작은 동시에 실시할 수 있다.

○ 하중 취급 (Hoisting & Trolley)

- Trolley의 위치 조정
  - · 후크 블록이 원하는 위치가 될 때까지 컨트롤 레버를 위, 아래로 이동한다.
  - · 원하는 위치에 도달하는 즉시 레버를 해제한다.
  - · 하중을 받으면 트롤리가 자동으로 차단된다.
- 권상 (Hoisting)
  - · 누구도 기계에서 작업 중이거나, 기계 근처에 있거나, 취급할 단정에 오르지 않았는지 확인한다.
  - · 사고를 예방하려면 어떤 상황에서든 기계 및 하중을 통제 하에 둔다.
  - · 인양물을 최대 속도로 작업하지 않는다. 작동 공간에 제약이 있을 경우

에도 작업하지 않는다.
· 항상 전면 및 후면 및/또는 좌우의 하중 균형을 맞춘 상태에서 기계를 작동한다.
· 짐을 실은 기계의 리프팅은 엔진 최대 rpm으로 실시한다.
· 속도는 컨트롤 레버를 사용하여 변경한다.
· 와이어 로프가 드럼에 잘못 감기지 않도록 하려면 후크 블록을 절대 지면에 내려놓으면 안 되며, 그렇지 못했을 경우, 와이어로프가 윈치 드럼에 바르게 감겼는지 확인한다.

○ 중지
- 작업 완료 – 엔진 스위치 Off
  · 작업 완료시 인양물을 최종 계획된 위치에 옮겨 놓은 후
  · 지정된 "Parking Area(주차공간)" 구역으로 기계를 이동한다.(비가동 위치)
  · 모든 안전 주의 사항을 적용하고 관련 절차를 이행하기 전에는 마린 모바일 리프트에서 떠나서는 안 된다.
- 마린 모바일 리프트를 평평한 지면에 주차한다.
- 경사진 곳에 마린 모바일 리프트를 주차해야 하는 경우, 고정 구조물로 기계를 단단히 고정한다.
- 슬링을 분리한다.

2) 안전 매뉴얼

▸ 사용과 점검(마린 모바일 리프트 조작자)

- 허가받은 인원만이 마린 모바일 리프트를 조작하고 운행할 수 있다.
- 작업개시 전, 마린 모바일 리프트의 작업범위 내에 아무도 없도록, 제한(Limit)스위치와 브레이크를 점검해야 한다.
- 결함발생 시, 결함과 관련된 항목을 반드시 관리책임자에게 신속히 알려야 한다.
- 타이어의 공기압을 작업 전 점검하여 적정 공기압(145psi)을 유지해야 한다.
- 지정된 마린 모바일 리프트의 최대용량을 초과하지 않는다.
- 모든 조작은 반드시 정확한 신호로 미리 경고한다.
- 조작을 시작하기 전, 지정된 신호로 미리 경고한다.
- 마린 모바일 리프트의 급정거는 하지 않는다.
- 수직으로 하중을 내려놓을 때 흔들리지 않게 주의하고, 선박을 기울여서 상하가 및 이동하지 않는다.
- 조작자가 자리를 비울 경우에는 마린 모바일 리프트 메인 스위치를 끄고 제어기를 “0”에 놓아야 하며, 어떤 하중도 걸려 있어서는 안 된다.
- 수리나 점검으로 인해 마린 모바일 리프트를 정지할 경우에는 메인 스위치를 끈다.
- 작업범위를 벗어나 있는 선박은 절대 상하가 하지 않는다.

주의

▸ 슬링벨트 작업(Hook Block에 하중을 걸거나 풀어 내리는 자(Slinger))

- 오직 위임받은 슬링거만 선박을 상하가 조작을 실행한다.
- 여러 명의 슬링거가 배정되었을 경우에는 그 중의 한명(작업반장 또는 연장자)만 운행통제를 해야 한다.
- 상하가 작업 시 지시사항
  - 로프, 체인 그리고 지정된 금구류만 사용하며, 결함이 있는 인양부품은 제거한다.
  - 적정 상하가 무게를 확인한다.
  - 상하가 하중과 작업로프 또는 체인의 경사각도에 따라 지탱할 수 있는 로프나 체인을 선택한다.

- 슬링벨트나 체인이 인양물의 모서리부에 걸리는 경우에는 사이에 두꺼운 나무 조각이나 보호 장치 등을 끼워 넣는다.
- 상하가 전, 슬링벨트를 늘여주면서 인양 하중이 균형이 잡혔는지 점검한다.
- 작업 중에는 장애물을 피할 수 있도록 상하가 높이를 적절히 유지한다.
- 저속으로 상하가를 실시하며, 급격한 작업으로 인한 선박 등의 낙하를 방지해야 한다.
- 공차상태에서 와이어로프 및 슬링벨트가 장애물에 걸리거나 충돌하지 않도록 주의한다.
- 슬링벨트 등은 가지런히 정돈하여 지정된 장소에 보관한다.

▸ 작업자 금지사항

◦ 상하가 작업 시 주변에 머물러 있거나 다른 작업자를 접근시키지 않는다.
◦ 작업자는 항상 지정된 상하가 도구를 사용하며, 작업 외 다른 추가 작업은 하지 않는다.

◦ 선박을 기울여서 상하가 작업이 진행되면 안 되며, 선박을 격렬하게 취급해서는 안 된다.
◦ 선박 외 자동차 등의 다른 교통수단을 마린 모바일 리프트로 운송해서는 안 된다.

3) 안전점검 체크리스트

▸ 일일점검

<table>
<tr><th colspan="11">일일 안전점검표</th></tr>
<tr><td colspan="2">장 비 명</td><td colspan="6"></td><td colspan="3" rowspan="5">Komarine Yacht Sale & Service
㈜코마린</td></tr>
<tr><td colspan="2">모 델 번 호</td><td colspan="6"></td></tr>
<tr><td colspan="2">운 전 시 작 일</td><td colspan="6">20 . . . (요일)</td></tr>
<tr><td colspan="2">마 지 막 운 전 일</td><td colspan="6">20 . . . (요일)</td></tr>
<tr><td colspan="2">운 전 시 간</td><td colspan="6">시간 분</td></tr>
<tr><td rowspan="2">연번</td><td rowspan="2">점검사항</td><td colspan="7">이상유무</td><td rowspan="2" colspan="2">비고</td></tr>
<tr><td>월</td><td>화</td><td>수</td><td>목</td><td>금</td><td>토</td><td>일</td></tr>
<tr><td>1</td><td>운전시간</td><td></td><td></td><td></td><td></td><td></td><td></td><td></td><td colspan="2"></td></tr>
<tr><td>2</td><td>라디에이터 용액 양</td><td></td><td></td><td></td><td></td><td></td><td></td><td></td><td colspan="2"></td></tr>
<tr><td>3</td><td>엔진 오일 양</td><td></td><td></td><td></td><td></td><td></td><td></td><td></td><td colspan="2"></td></tr>
<tr><td>4</td><td>연료 양</td><td></td><td></td><td></td><td></td><td></td><td></td><td></td><td colspan="2"></td></tr>
<tr><td>5</td><td>벨트와 호스 육안 점검</td><td></td><td></td><td></td><td></td><td></td><td></td><td></td><td colspan="2"></td></tr>
<tr><td>6</td><td>고압 호스 육안 점검</td><td></td><td></td><td></td><td></td><td></td><td></td><td></td><td colspan="2"></td></tr>
<tr><td>7</td><td>타이어 육안 점검</td><td></td><td></td><td></td><td></td><td></td><td></td><td></td><td colspan="2"></td></tr>
<tr><td>8</td><td>리프팅 케이블 육안 점검</td><td></td><td></td><td></td><td></td><td></td><td></td><td></td><td colspan="2"></td></tr>
<tr><td>9</td><td>슬링, 핀 육안 점검</td><td></td><td></td><td></td><td></td><td></td><td></td><td></td><td colspan="2"></td></tr>
<tr><td>10</td><td>5분간 엔진 예열</td><td></td><td></td><td></td><td></td><td></td><td></td><td></td><td colspan="2"></td></tr>
<tr><td>11</td><td>경보/경고 장치 점검</td><td></td><td></td><td></td><td></td><td></td><td></td><td></td><td colspan="2"></td></tr>
<tr><td>12</td><td>직진/후진 운전 점검</td><td></td><td></td><td></td><td></td><td></td><td></td><td></td><td colspan="2"></td></tr>
<tr><td>13</td><td>바퀴 정렬 상태 점검</td><td></td><td></td><td></td><td></td><td></td><td></td><td></td><td colspan="2"></td></tr>
<tr><td>14</td><td>리프팅 작동 상태 점검</td><td></td><td></td><td></td><td></td><td></td><td></td><td></td><td colspan="2"></td></tr>
<tr><td>15</td><td>게이지 점검</td><td></td><td></td><td></td><td></td><td></td><td></td><td></td><td colspan="2"></td></tr>
<tr><td>16</td><td>주차 브레이크 점검</td><td></td><td></td><td></td><td></td><td></td><td></td><td></td><td colspan="2"></td></tr>
<tr><td>17</td><td>안전 요원 조끼 점검</td><td></td><td></td><td></td><td></td><td></td><td></td><td></td><td colspan="2"></td></tr>
<tr><td colspan="5">작성자(서명)</td><td colspan="6"></td></tr>
<tr><td colspan="2">비 고</td><td colspan="9"></td></tr>
</table>

▸ 주간점검

<table>
<tr><th colspan="8">주간 안전점검표</th></tr>
<tr><td colspan="2">장 비 명</td><td colspan="4"></td><td colspan="2" rowspan="5">Komarine
Yacht Sale & Service
㈜코마린</td></tr>
<tr><td colspan="2">모 델 번 호</td><td colspan="4"></td></tr>
<tr><td colspan="2">운 전 시 작 일</td><td colspan="4">20 . . . (요일)</td></tr>
<tr><td colspan="2">마 지 막 운 전 일</td><td colspan="4">20 . . . (요일)</td></tr>
<tr><td colspan="2">운 전 시 간</td><td colspan="4">시간 분</td></tr>
<tr><td rowspan="2">연번</td><td rowspan="2">점검사항</td><td colspan="5">이상유무</td><td rowspan="2">비고</td></tr>
<tr><td>1주차</td><td>2주차</td><td>3주차</td><td>4주차</td><td>5주차</td></tr>
<tr><td>1</td><td>운전시간</td><td></td><td></td><td></td><td></td><td></td><td></td></tr>
<tr><td>2</td><td>라디에이터 용액 양</td><td></td><td></td><td></td><td></td><td></td><td></td></tr>
<tr><td>3</td><td>엔진 오일 양</td><td></td><td></td><td></td><td></td><td></td><td></td></tr>
<tr><td>4</td><td>연료 양</td><td></td><td></td><td></td><td></td><td></td><td></td></tr>
<tr><td colspan="4">작성자(서명)</td><td colspan="4"></td></tr>
<tr><td colspan="2">비 고</td><td colspan="6"></td></tr>
<tr><td colspan="8">▶ 점검 시, 이상이나 기기 불량 발견 시, 기기 작동 전 담당자에게 반드시 알리도록 한다.
▶ 장비나 리프팅 기기의 육안 점검은 오전 휴식 시간 또는 점심 시간 이후에 실행한다.
▶ 브레이크가 작동되는 동안 기기의 외판은 반드시 제자리에 위치시킨다.</td></tr>
</table>

▸ 월간점검

<table>
<tr><th colspan="9">월간 안전점검표</th></tr>
<tr><td colspan="2">장 비 명</td><td colspan="6"></td><td rowspan="5">Komarine Yacht Sale & Service
㈜코마린</td></tr>
<tr><td colspan="2">모 델 번 호</td><td colspan="6"></td></tr>
<tr><td colspan="2">운 전 시 작 일</td><td colspan="6">20 . . . (요일)</td></tr>
<tr><td colspan="2">마 지 막 운 전 일</td><td colspan="6">20 . . . (요일)</td></tr>
<tr><td colspan="2">운 전 시 간</td><td colspan="6">시간 분</td></tr>
<tr><td rowspan="2">연번</td><td rowspan="2">점검사항</td><td colspan="6">이상유무</td><td rowspan="2">비고</td></tr>
<tr><td>1월</td><td>2월</td><td>3월</td><td>4월</td><td>5월</td><td>6월</td></tr>
<tr><td>1</td><td>로프에 윤활제 도포</td><td></td><td></td><td></td><td></td><td></td><td></td><td></td></tr>
<tr><td>2</td><td>케이블 점검 윤활제 도포</td><td></td><td></td><td></td><td></td><td></td><td></td><td></td></tr>
<tr><td>3</td><td>부식 유무 체크</td><td></td><td></td><td></td><td></td><td></td><td></td><td></td></tr>
<tr><td colspan="5">작성자(서명)</td><td colspan="4"></td></tr>
<tr><td colspan="2">비 고</td><td colspan="7"></td></tr>
<tr><td colspan="9">▶ 점검 시, 이상이나 기기 불량 발견 시, 기기 작동 전 담당자에게 반드시 알리도록 한다.
▶ 장비나 리프팅 기기의 육안 점검은 오전 휴식 시간 또는 점심시간 이후에 실행한다.
▶ 브레이크가 작동되는 동안 기기의 외판은 반드시 제자리에 위치시킨다.</td></tr>
</table>

제9장 마린 포크 리프트

9-1. 코마린 총판(위긴스) 안내

NAVER 마린 포크리프트

1) 규격 및 사양

▸ W3.2M2-140 모델 (한국형, 속초 코마린 운용중)

- 최대인양중량 : 12.6ton
- 최대요·보트길이 : 36ft
- 최고인양높이 : +9.1m (+30ft) +12m(+40ft)
- 최저인양높이 : -7.9m (-26ft) - 5m(+16ft)
- 차폭 : 2.95m
- 차축거리 : 3.56m
- 회전반경 : 5.2m
- 공차중량 : 37.2ton
- 제작사 : Wiggins(USA) Marina Bull LOPRO
- 국내공식판매수입원 : ㈜코마린

MODEL	W3.2M2-140	주문제작	비고
최고인양높이(m)	+9.1m	+5m ~ +15m	선택가능
최저인양높이(m)	-7.9m	-3m ~ -7.9m	
인양중량	12.6ton	6ton ~ 14.5ton	선택가능
장비길이	12m	9m ~ 14.0m	선택가능

▸ 마린 포크 리프트 기능

○ 서해안/남해안 같이 조위 차이가 큰 지역에서 기존 부두시설을 활용하여 요트/보트를 육상계류장에 보관이 가능

○ 입.출항시 또는 수리/보수/점검을 위해 안전하게 수면으로 내리고 올릴 때 사용하는 마리나 전용으로 APT육상계류장 설계를 현실화한 전천후 장비

▸ 처리용량 : 100척/1대

2) 위긴스 주요 제품 (한국총판: 코마린)

모델명	총 중량 (kg)	전장/ 너비(m)	포크 길이(m)	최저 높이(m)	인양가능 높이(m)	인양가능 무게(kg)	제품 가격 (원)
W1.6M2-130-H2 34/26 LoPRO	27,805	5.33 / 2.95	6	10.60	(+)10.40 (-)7.92	최대 5.225	협의
W2.7M2-130-H2 30/12 LoPRO	31,524	5.30 / 2.95	6	6.6	(+)9.10 (-)3.66	최대 10,523	협의
W3.2M2-140-H2 30/12 LoPRO	32,885	5.60 / 2.95	6	6.60	(+)9.10 (-)3.66	최대 12,628	협의
W3.2M2-140-H2 30/26 LoPRO	37,195	5.60 / 2.95	6	11.20	(+)9.10 (-)7.92	최대 12,628	협의
W3.2M2-140-H2 34/26 LoPRO	37,421	5.60 / 2.95	6	11.20	(+)10.40 (-)7.92	최대 12,628	협의
W3.2M2-140-H2 45/30 LoPRO	37,194	5.60 / 2.95	6	12.70	(+)13.72 (-)9.10	최대 12,628	협의
W2.7MB2-288	41,276	10.36 / 5.79	-	-	(+)10.36 (-)7.92	최대 11,793	협의
W3.8MB2-330	44,905	11.60 / 6.0	-	-	(+)13.40 (-)7.90	최대 12,700	협의

문의 : www.komarine.kr

3) 운송 / 설치

○ 운송

○ 현장 설치

▸ 마스트 조립

▸ 틸트 실린더 조립

▸ 유압라인 조립

▸ 포크 조립

▸ 현장 테스트

4) 요트 보트 톤수별 적치 높이(모델 w3.2m2 기준)

capacity (max)	load center	lift heights	비고
12.6 ton	2.4 m	1.2 m	load center 확인
8.2 ton	4.6 m	1.2 m	
8.2 ton	3.8 m	4.6 m	
4.2 ton	3.6 m	9.1 m	

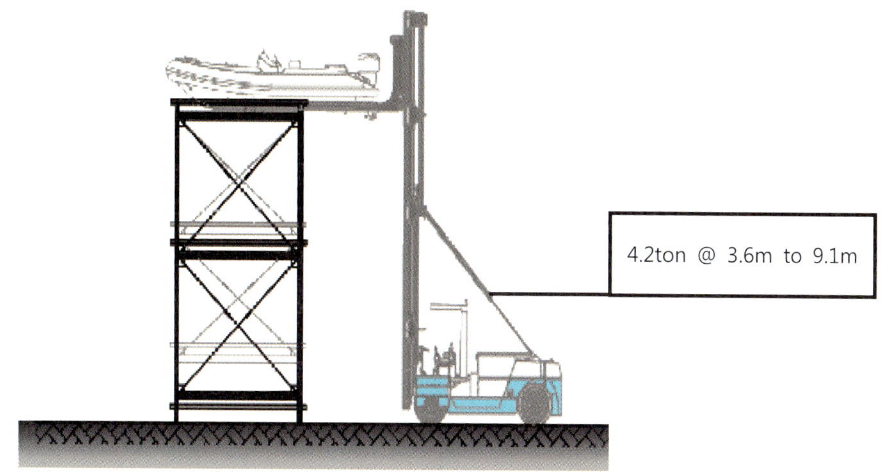

5) 홍보자료

마린 포크 리프트
MARINE FORK LIFT

● **마리나 및 어항에서 기존 부두시설을 활용하여 요트/보트/어선을 인양하여 수리/점검 및 육상계류를 위해 안전하게 사용 가능한 상하가 장비**

- 기존 부두시설물 변경 없이 즉시 활용
- 소규모 인원으로 장비 이용 가능
- 조수차에도 운용 가능
- Rated load : 12.5ton
  (현장조건에 따라 상하가 인양무게 조절가능)

● **육상계류장은 작은 공간에서 해상계류장 대비 공사비 등을 절약하고, 염분 및 자연재해로부터 선박을 안전하게 보관가능**

● **이용객의 편의에 따라 선박의 장·단기간 보관과 선체관리 및 엔진, 전자 장비 수리/점검 등 가능**

- APT형 육상계류장으로 공간활용도↑ 및 공사비↓
- 자연재해의 위험요소를 저감
- 선박 유지보수 편리 / 선체 및 장비 전문가 관리
- 해양오염 방지

○ 전시회 홍보

▸ 제4회 대한민국 국제 보트쇼(2010, 경남 고성)

9-2. 마린 포크 리프트 매뉴얼

1) 운용 매뉴얼

▸ Marina Bull 표준 윤활/그리스 포인트

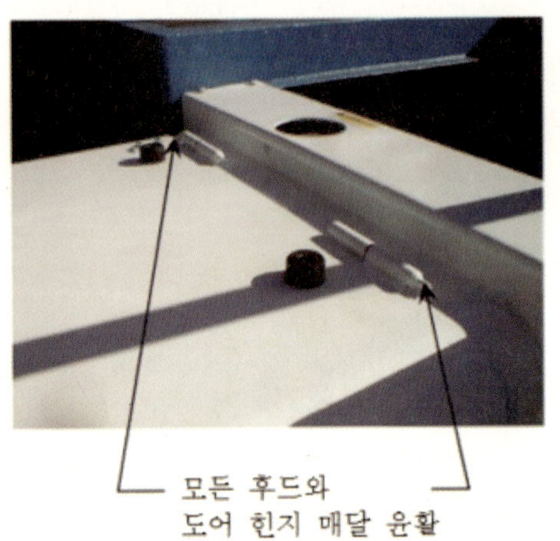

모든 후드와
도어 힌지 매달 윤활

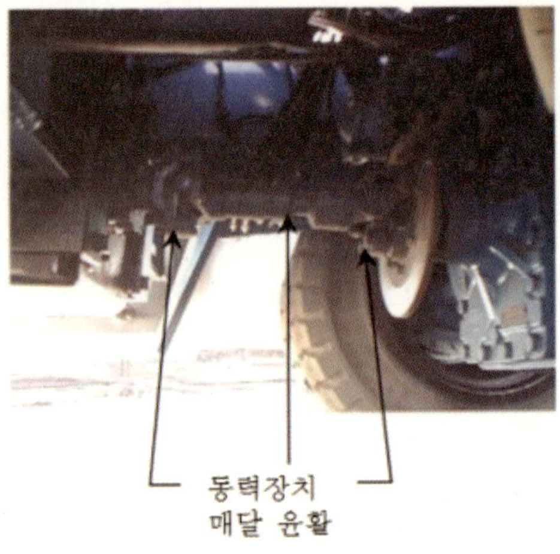

동력장치
매달 윤활

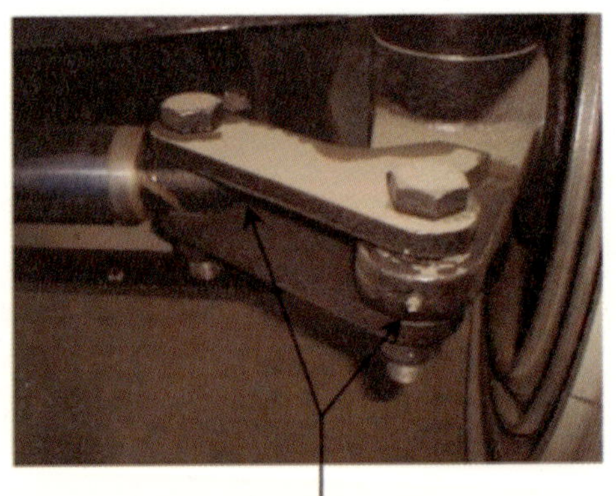

조향축(스핀들, 티어링, 암)
매달 윤활

▸ Marina Bull 표준 윤활/그리스 포인트

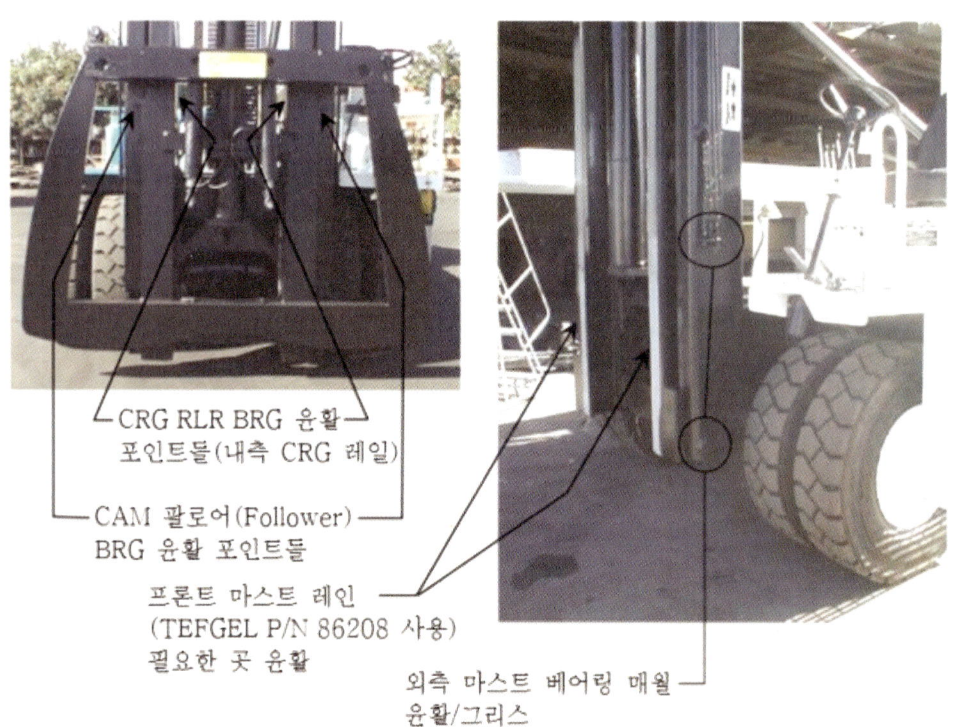

▸ Marina Bull 표준 윤활/그리스 포인트

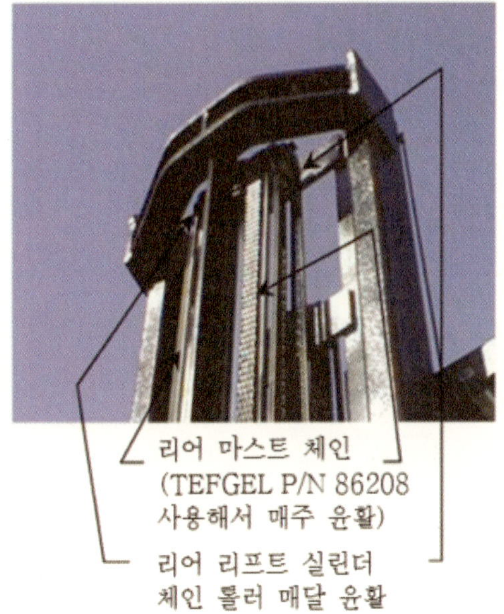

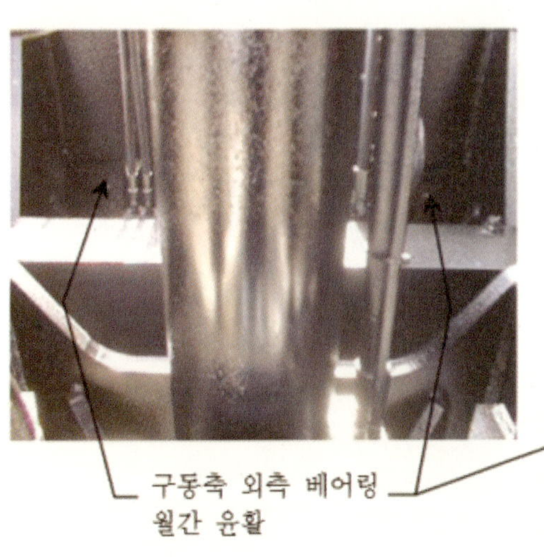

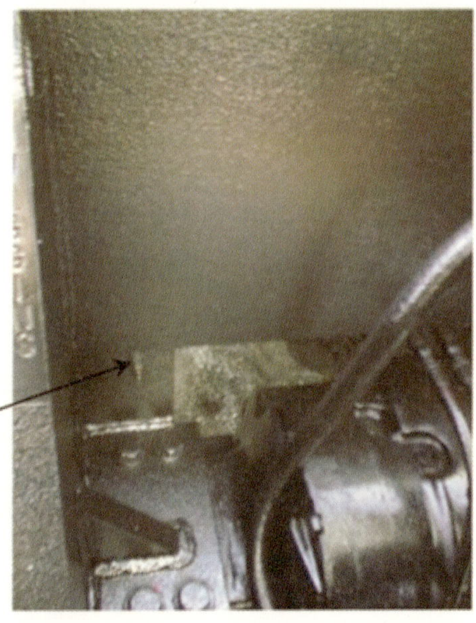

▸ Marina Bull 표준 윤활/그리스 포인트

액셀레이터, 브레이크 및 인칭페달
(TEFGEL P/N 86208 사용) 매달 윤활

컨트롤 밸브 레버 조인트
(TEFGEL P/N 86208 사용)
매달 윤활

디퍼렌셜 밸브/브리더
(Breather)

HYD 브레이크 블리더

오일 레벨 플러그
DEER "HY-GUARD" 오일 사용
축 냉각 시스템이 장착되지 않았을 경우
최초 100시간마다 교환 후
500시간 마다 정기적으로 교환

▸ 경고 및 유의사항: 경고! 인명의 손상이나 부상 절대 예방

마린 포크 리프트를 운전하기 전에 운전자는 이 매뉴얼을 읽고 숙지해야 한다. 장비의 소유주와 운전자 모두 운영자의 훈련과 교육과 관련한 관계 법률들과 규정 및 요구기준들을 준수해야 한다.

운전자는 자신의 안전뿐만 아니라 동료 또는 주변인들의 안전까지 책임져야 할 의무가 있으며, 적절한 안전조치들로 운전자와 장비뿐만 아니라 주변에 있는 모든 사람들을 보호해야 한다.

○ 일일 안전 체크

운영자는 이 장비를 운영하기 전 일일 체크를 실시한다. 손상이나 기능 이상이 있을 경우 즉시 보고한다. 그러한 손상 또는 기능 이상 시에는 이 장비를 운영해서는 안 되며, 언제든지 의심스러운 경우에는 제조업체나 수입업체 취급 전문가에게 연락한다.

- 균열, 분실 또는 손상된 부품들이 있는지 확인하고, 느슨해지거나 분실된 고정쇠들이 있는지도 확인한다.
- 안전스위치들을 지나쳐버렸거나 경고문구들이 차량 내에 제대로 비치되었는지도 확인한다.
- 경고 스티커나 특수 지침 및 운영자 매뉴얼들이 읽기 쉬운 상태이며 적절한 위치에 있는지도 확인한다.
- 포크의 암(arm)에 녹이나 크랙 또는 얼라이먼트의 어긋남이 있는지 체크한다. 포크 암의 커버를 체크하여 보트에 손상을 입힐 수 있는 과도한 마모나 균열이 발생했는지를 확인한다.
- 타이어의 찢어지거나 튀어나온 곳, 트레드의 깊이 및 공압식일 경우 공기압력을 체크한다.
- 엔진 라디에이터와 오일쿨러의 이물질이나 손상을 체크한다. 엔진실에 인화성 이물질이 있는지 확인한다. 배기 시스템의 손상이나 균열된 곳들을 확인한다.
- 엔진오일과 엔진냉각액 레벨을 확인한다. 필요한 오일이나 냉각액을 보충한다.
- 유압탱크의 오일레벨을 체크한다. 필요할 경우 적절한 타입의 유압액을 요구되는 레벨만큼 채워준다.
- 유압 호스와 연결부들의 마모 또는 누출을 체크한다. 손상 또는 마모된 호스는 공식적으로 인정된 유압 호스만을 사용하여 보수하거나 또는 교체한다.

- 좌석 벨트와 그 장착대의 상태와 기능을 확인한다.
- 경적으로 울려보고 작동경보와 스트로브 라이트의 기능을 확인한다.
- 발받침이나 페달 및 미끄럼방지 표면들을 청결히 하고 그리스나 오일, 먼지, 눈이나 얼음 등을 없앤다.
- 모든 도어들과 가드 또는 커버가 제 위치에 적절하게 고정되어 있는지 확인한다.
- 운영 전 체크리스트를 점검한다.
- 각종 정비절차들을 실시한다.
- 작업등과 미러, 게이지 및 운전자 콘솔들이 청결한 상태인지 확인한다.
- 각종 느슨한 것들은 제거하거나 조여준다.
- 작업구역을 점검하고 잠재적인 방해요인들이 있는지 살핀다.
- 도크 사이드에서 바퀴 고정물을 사용할 때는 상태를 점검한다.

○ 위험 및 경고:

이 동력 구동 산업용 트럭을 운전하기 위해서는 훈련 및 인증을 받는다. 운영자 매뉴얼과 안전라벨들을 읽고 숙지한다. 하물과 포크 리프트를 항상 통제하며 상단 및 측면의 공간들을 점검한다. 후진 시에는 이동방향을 주시한다.

- 사람을 양중할 경우 부상이나 인명 사고를 초래할 수 있다. 사람이 포크 리프트에 타고 있거나 또는 가까이에 있을 경우 리프트를 작동해서는 안 되며, 사람이 탄 보트를 양중해서는 안 된다.
- 어떤 다른 사람도 장비에 태워서는 안 된다. 작동 시 트럭에 있어야 할 유일한 사람은 운전자뿐이다.
- 들어 올린 포크 암이나 보트 아래에 서 있거나 지나가선 안 된다.
- 정격 하중 능력을 초과하거나 무게 중심이 벗어난 보트를 들어 올릴 경우 전복의 위험이 있다. 이 장비는 데이터 플레이트에 명기된 최대 설정 하중만을 들어 올리도록 설계되었다.
- 충돌 시 장비와 보트의 손상, 부상 또는 인명 사고가 발생할 수 있다. 보행자, 장애물, 도어 및 상부의 전기선 등을 살펴야 한다. 이동 또는 회전 시 속도를 줄이고 보트와 후면 스윙을 위하여 측면을 확인하고 후진을 할 경우에는 이동 방향을 주시한다.
- 트럭이 가동될 때에는 항상 좌석 벨트를 맨다.

- 조심스럽게 운전하며 포크 암을 최대한 낮게 유지하고 필요시 뒤로 젖힌다.
- 통제력을 상실할 경우 전복의 위험이 있다. 경사면에서 회전하지 않도록 주의하고 서행하여 회전하고 하물은 낮춘다. 보트를 양중 또는 하역하기 전에 하중의 중심을 맞춘다. 하물을 들어 올렸을 경우 틸트 속도는 낮게 유지하고 급작스런 동작은 삼간다.
- 전진 및 후진 사이에서 방향을 바꾸게 될 경우에는 트럭을 완전히 멈춘다.
- 포크 리프트를 멈추기 위해서는 평탄한 곳을 선택하고 포크 암은 지면으로 낮춘다. 트랜스미션은 중립으로 놓고 주차 브레이크를 걸고 키를 돌려 엔진을 끈다.
- 보트를 들어올리기 전 포크 암이 보트에 해당하는 최적의 폭으로 조정 되었는지와 보트가 안정되고 중심이 잡혀져 있는지를 확인한다. 포크 암이 하부 포크 암 캐리지 바(Carriage bar)보다 더 넓게 벌린 채로 하물을 들어 올리지 않도록 주의한다.
- 도크 사이드에서의 경우 바퀴 고정물이 포크리프에 대하여 적절한 크기인지와 적절한 상태인지를 확인한다.
- 도크 사이드에서의 경우 마스트가 수직으로 곧바로 선 위치가 되도록 한다. 낮출 경우에는 마스트의 내측 레일과 방조벽 사이의 공간을 확인한다.
- 물에서 보트를 건져 올릴 때에는 방지벽을 피하는데 필요한 최소한도만큼만 마스트를 경사시킨다.
- 방지벽으로부터 이동하기 전에는 네거티브 리프트 레일을 이동 포지션을 들어 올린다.

▸ 안전 요소의 설명 및 부품

운전자는 정교하고도 고도의 능력을 가진 기계를 안전하게 작동하기 위해서 이러한 안전 요소들을 숙지하여야 하며, 좌석벨트는 항상 착용한다.

○ 경적 및 작동 경보

핸들의 가운데에 보행자나 기타 장비 조작자들에 경고를 주기 위한 경적이 있다. 또한 포크 리프트 트럭이 역방향으로 움직이는 경우 작동을 알리는 경보가 울리며 이러한 경보는 트랜스미션이 중립일 때에는 울리지 않는다.

○ Wiggins StabilLift

보트의 무게 및 무게중심의 위치가 결합하여 하중 모멘트(Load moment)를 만들어내며, 이것은 트럭이 안정을 유지하려면 평형 무게의 복원 모멘트(Righting moment)보다 적어야 한다. 이 시스템은 작업 대상 보트가 Wiggins Marina Bull의 데이터 플레이트에 명시된 정격 능력에 가깝거나 그 수준에 도달하였을 때 경고한다. 또한 하중 모멘트가 트럭의 설계 능력보다 클 경우에는 양중 기능이 상실된다.

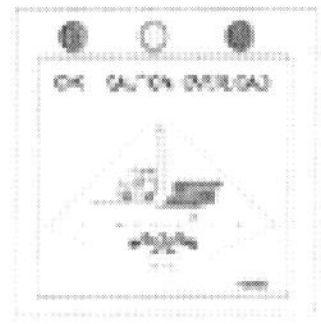

- 녹색등 : 보트가 정격 능력보다 많이 적을 때 녹색등이 켜진다. 통상적 수준의 주의를 기울여 마스트는 중간 정도의 속도로 전후로 경사시킨다. 큰 보트일 경우에는 평탄치 못한 지연을 이동할 때에는 황색등이 켜진다.
- 황색등 : 하중 모멘트가 장비의 정격능력에 가까울 때 황색등이 켜진다. 황색등이 켜지면 운전자는 가장 낮은 기어를 유지해야 하며 속도는 중간 보행수준인 5kph 이하로 유지한다. 마스트는 뒤로 경사시켜야 하며 이렇게 하면 황색등이 꺼지고 녹색등이 켜진다. 갑작스런 브레이크나 E-stop을 걸게 되면, 젖은 상태의 보트가 포크의 앞쪽으로 미끄러져 나와 보트에 손상을 줄 수 있다. 또한 평탄하지 못한 지면을 이동시에는 적색등이 켜질 수 있다.
- 적색등 : 장비가 정격능력을 초과하게 되면 적색등이 켜진다. 적색등이 켜질 경우 양중기능이 정지된다. 적색등 상태에서 장비를 사용하게 되면 장

비 또는 보트가 손상을 입고, 베어링과 마모 패드가 빨리 마모될 수 있으며, 타이어들이 과열로 인하여 손상을 입을 수 있다. 급정거로 인하여 앞으로 넘어질 가능성 또한 커진다.

○ Wiggins StabiLock

작은 보트일지라도 최고 높이로 작업하게 되면 운전자는 안정성에 있어서 불안정한 상태가 된다. 포크 리프트는 하중을 들어 올리고 무게 중심이 올라가며 마스트가 뒤로 경사됨에 따라 보통 삼각형의 안정성을 갖기 때문에 트럭이 안정성이 회전 시에 크게 떨어지게 된다. 이 때 StabiLock 시스템을 사용해 후방축에 안정화 실린더를 고정시켜 안정화 삼각형을 안정화 사각형으로 보다 확대할 수 있다. 스위치가 켜진 상태에서는 운전자가 마스트를 다시 내렸을 때 StabiLock을 끄도록 알려주기 위해서 경보가 울린다.

○ 안전 운반 포지션

양쪽 마스트 부분에 선이 있다. 이 선들이 서로 맞게 되며 내측 부분의 상단이 전반적으로 낮은 높이(OALH: Overall Lowered Height)에 위치하게 된다. 이는 마스트의 상단 부분이 도어 프레임을 통과할 수 있게 됨을 의미한다.

○ 브레이크 및 E-Stop

브레이크는 두 가지 종류, 즉 주 브레이크와 주차용 브레이크가 있다. 주 브레이크는 풋 브레이크 페달에 연결되어 있으며 브레이크 수준은 페달에 가해지는 발의 압력으로 제어한다. 주차 브레이크는 짧은 거리로 멈추게 된다.

선택사양인 대시보드의 적색 E-Stop버튼은 엔진을 멈추게 하고, 유압 펌프를 중지시키며 주차 브레이크가 걸리게 된다. 유압 시스템이 손상을 입고 시스템이 압력을 잃게 되어도 주차 브레이크가 걸린다.

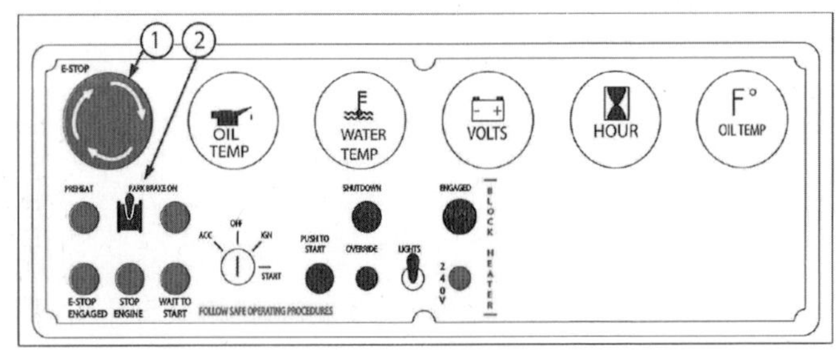

▸ 운영 전 체크 리스트

장비운영을 시작하기 전 일일 체크를 먼저 실시한다.

○ 안전 체크:

장비의 손상이나 기능 이상에 대해서는 즉시 보고한다. 손상이나 기능 이상 시에는 장비를 가동해서는 안 된다.

- 부러지거나 빠지거나 손상된 부품 및 느슨해지거나 없어진 패스너가 있는지도 체크한다.
- 소홀히 지나친 안전 스위치들은 없는지, 장비 위에 어떠한 경고 표시들이 없었는지도 확인한다.
- 경고 스티커와 특별 지침 및 작업자 매뉴얼들이 읽기 쉽고 적절한 위치에 비치되어 있는지 확인한다.
- 포크 암에 녹이나 크랙 또는 얼라인먼트의 어긋남이 없는지 확인한다. 또한 보트에 손상을 줄 수 있는 포크 암 커버의 과도한 마모나 균열이 있는지 살핀다.
- 타이어의 찢어진 곳이나 튀어나온 곳과 뉴매틱일 경우 공기압이 적절한지 확인한다.
- 유압호스와 연결부들에 마모 또는 새는 곳이 있는지 체크한다. 손상 또는 마모된 호스는 수리하거나 교체한다.
- 좌석 벨트의 장착대 상태와 기능을 체크한다.
- 발받침이나 페달 및 미끄럼 방지 표면들을 청결히 하고, 그리스나 오일, 먼지, 눈이나 얼음 등을 제거한다.
- 모든 도어들이나 가드 또는 커버들이 확고하게 제 위치에 있는지 확인한다.
- 램프와 밀러, 게이지 및 운전자 콘솔이 깨끗한 상태인지 확인한다.
- 느슨해진 곳들은 빼내거나 고정시킨다.
- 작업 공간을 살피고 잠재적인 장애요인 및 도크 사이드의 바퀴 고정쇠의 고정 상태를 살핀다.

○ 정비 체크 : 명시된 모든 정비절차들을 수행한다.

- 엔진오일과 엔진 냉각제의 레벨을 체크한다. 필요하다면 오일과 냉각제를 보충한다.

- 트랜스미션 오일의 레벨을 체크하고, 필요하다면 적합한 타입의 오일로 보충한다.
- 유압 탱크의 오일 레벨을 체크하고, 필요하다면 적합한 타입의 유압액을 사용하여 필요한 수준으로 보충한다.
- 마스트와 포크 암 캐리지 및 포크 암의 균열이나 손상을 체크한다. 가동 후 녹슨 곳이나 세척이 제대로 되지 않은 곳이 있는지 살핀다.
- 엔진 라디에이터와 오일 쿨러의 균열이나 손상을 살핀다. 엔진실에 인화성 이물질 및 배기시스템의 손상이나 균열된 곳들을 확인한다.
- 휠의 크랙이나 녹슨 곳이 있는지 체크하고 휠 너트가 움직인 흔적이 있는지 살핀다.

○ 운전 체크:

엔진시동이 걸리고 제대로 가동되면 다음과 같은 운전 체크를 실시한다.

- 포크 암 캐리지를 짧게 들어 올려 원활한 작동과 정상적인 소리가 나는지를 체크한다.
- 네거티브 마스트 부분을 짧게 들어 올려 원활한 작동과 정상적인 소리가 나는지를 체크하고 낮출 때도 체크한다. 필요한 부품들에는 윤활을 한다.
- 포크 암을 지면으로부터 들어 올리고 포크 암 조작 장치들을 작동하여 기능이 원활한지 살피고 필요한 부품들에는 윤활을 한다.
- 아이들링 시 마스트를 전후로 경사시킨다. Wiggins StabiLift 시스템이 있는 장비일 경우에는 마스트가 멈출 때까지 경사시키고 적색등의 작동을 확인한다. 약간 앞으로 경사시킬 경우 적색등이 꺼지고 녹색등이 켜진다.
- 주차 브레이크를 풀지 않고 또한 발을 주 브레이크 페달 위에 얹고 트럭에 기어를 넣을 때 움직여서는 안 되며 기어를 중립에 놓는다.
- 주차 브레이크를 풀고 트럭에 기어를 건 후 주브레이크와 조향 기능을 살핀다. 기어가 채워져 있는 동안에 작동 경보가 울린다.
- 작업등과 경적의 기능을 확인한다.

▸ 안전 운영 절차

○ 시작

- 좌석벨트를 맨다.
- 주차 브레이크가 걸려있고 기어가 중립인지 확인한다.
- 유압 제어장치들이 중립 위치인지, 그리고 위에서 레버 등에 떨어질 물건들이 있는지도 확인한다.
- 점화 키를 "ON"의 위치로 돌린다.
- 모든 엔진 표시기들이 꺼질 때까지 약 10초간 기다린다.
- 점화 키를 "START" 위치로 돌려 엔진 시동을 건다.
- 10초 이내에 엔진의 시동이 걸리지 않으면 4~6 단계를 다시 진행한다.

○ 제어장치:

- 게이지 패널 : 주차 브레이크 스위치는 부주의한 작동으로부터 보호된다. 밑으로 내려져 있으면 주차 브레이크가 걸리지 않은 상태로, 트럭이 자유로이 움직일 수 있는 상태이다. 올려지면 브레이크가 걸린 상태이며, 키 스위치는 3가지의 포지션 (Off, Ing, Start)이 있다.
- 유압 컨트롤 : 유압 컨트롤 징치들로는 레버와 조이스틱 또는 이 두 가지의 결합 형태가 있다. 유압 기능의 반응 속도는 제어의 양과 직결된다. 운전자는 항상 컨트롤 장치를 최소한만 작동시켜 기능의 반응 수준을 먼저 확인하여 정확한 제어와 방향이 제어되는지를 살핀다.
- 첫 번째 컨트롤은 포크 암 캐리지를 상하로 움직이는 것이다. 컨트롤 장치를 운전자 쪽으로 뒤로 당기면 캐리지가 올라가며, 앞으로 누르면 캐리지가 내려간다.
- 두 번째 컨트롤은 내측 마스트 부분을 움직이는 것으로 네거티브 판(Negative stage)이라고도 한다.
- 세 번째는 마스트를 경사하는 것으로 포크 암에 대하여는 세 개의 컨트롤(Left Fork, Right Fork, Side Shift)이 있다. Side Shift 컨트롤은 포크 암들을 동시에 같은 방향으로 움직이게 하며 정격 하중일 때 사용한다.
- 풋 페달 : 브레이크와 스로틀 페달은 조향 칼럼(Steering column)의 오른쪽에 있으며 자동차와 동일한 기능을 한다. 조향 칼럼의 왼쪽으로는 디클러치 페달(Declutch pedal)이 있다. 이 페달은 운전자가 기어를 중립으로 변속하지 않고도 스로틀의 속도를 올릴 수 있다.

- 조향 : 유압식으로 일부 휠베이스(Wheel base)가 짧은 트럭의 경우에는 전진이나 후진을 하고 있지 않을 경우에는 조향축 타이어가 어떤 일정한 거리를 지날 수 있도록 충분한 유압이 부족할 수도 있지만 이는 정상이다. 몇 인치만 롤링을 하더라도 타이어가 그 충분한 능력을 발휘한다.

○ 구동

운전자가 보트와 포크 리프트를 제어하기 까지는 많은 주의가 요구되며 운전자가 테일 스윙 및 보트의 공간을 확인하기 위해서는 일정 시간이 필요하다. 먼저 낮은 기어로 가동하고, 특별히 길거나 높은 보트의 작업을 할 경우에는 한 두 명의 보조자가 필요하다.

○ 보트 양중

무게 및 무게중심이 불확실한 보트들의 상하가를 위하여 장비를 보호하고 운전자가 과도한 하물을 싣지 않도록 보호하는 장치를 갖추고 있다. 13.5m 이상의 높이로 상하가할 경우의 최대의 안정성을 위해 조향축 잠금 기능이 있다.

- Wiggins StabiLift :
  틸트(경사)실린더가 마스트를 제 자리에 유지시키기 위해서는 얼마나 강한 힘을 발휘해야 하는가를 감지하여, 운전자에게 보트가 포크 리프트의 정격 성능의 아래의 것인지 그에 맞는 것인지 또는 그 위의 것인지를 알려준다.
- Wiggins StabiLock :
  세번째 랙(rack) 또는 그 이상으로 들어 올릴 경우에는 액티브 조향축 잠금 시스템을 사용한다. 보트가 위치하거나 꺼내게 될 랙의 위치를 바라보고 마스트를 올린 다음 기어를 중립으로 놓는다. 적색 Steer Axle Lock(조향축 잠금) 스위치의 덮개를 열고 높은 상하가를 위한 위 포지션으로 스위치를 돌려 마스트를 원하는 높이로 올린다. 포크 암이 적절한 높이가 되어 해당 위치에서 하역을 할 수 있게 되면 기어를 낮은 전진 기어로 넣고 브레이크를 약간 사용하면서 천천히 앞으로 다가선다.
- 텔레스코핑 실린더(Telescoping cylinder) :
  실린더는 마스트의 네거티브 판을 들어준다. 첫 단계 위로 올릴 경우 보다 작은 내측 판이 확장을 시작하기 때문에 압력은 갑자기 높아지지만 정상적인 현상이다. 마찬가지로 높은 위치에서 내릴 때에도 작은 내측 판 수축을 완료하고, 큰 외측 판이 하강을 시작하기 때문에 실린더가 잠시 멈추고 압력이 떨어진다. 이들 단계에서는 어떤 소음이나 기계에 약간의 충격이 발생할 수도 있지만 이 역시 정상적인 현상이다.

○ 주차 및 정지

포크 리프트를 세우기 위하여 평탄한 장소를 선택한다. 포크 암을 바닥으로 내린다. 트랜스미션을 중립으로 하고 주차브레이크를 건다. 키를 돌려 엔진을 중지시킨다. 작업이 끝나면 바닷물에 의한 염기를 씻어내고 마스트와 포크 암 및 포크 암 캐리지를 청수로 세척한다.

▸ 정비 체크 리스트:

정비 체크리스트는 일반적 운영 조건을 기초하고 있으며, 고온이나 저온, 먼지가 많은 바람이나 폭풍우 같은 비일상적 조건들 하에서는 좀 더 자주 윤활을 해주고 필터를 교환한다.

▸ 수송 및 설치:

하나의 트레일러에 실릴 수 있도록 롱 틸트 실린더로 설계되었다. 보다 높은 하중 성능의 모델들이나 리프트 높이가 16미터가 넘는 모델들의 경우는 마스트를 제거하고 2~3부분으로 나누어 실어야 한다.

○ 마스트가 장착된 상태일 경우:

마스트와 리프트 실린더, 리프트 체인 및 유압 호스들이 손상되지 않도록 주의한다. 장비가 트레일러 위와 아래로 반전이 될 경우 마스트를 세워서 램프 아래 지면에 공간을 확보한다.

- 탑재 : 마스트를 뒤로 경사시키고 구동 타이어에 최대한의 접지력을 줄 수 있도록 포크 리프트를 뒤로 하여 트레일러 램프를 올린다. 트럭이 자리를 잡게 되면 마스트를 내릴 수 있다. 내리기 전에는 마스트 경사 콘트롤의 안전케이블을 단절한다. 트럭에서 내리기 전에는 주차 브레이크를 걸고 엔진 키를 뺀다. 타이어들은 최소 60%가 트레일러 데크 지지대 위에 있도록 한다. 리프트 실린더에 실린더 로드 보호 재료들을 사용하여 느슨해진 체인으로 인한 손상을 예방한다.

- 하역 : 모든 체인들을 트레일러 베드로부터 제거한다. 수송 시에 느슨해졌을 수 있는 유압 장치들을 체크한다. 엔진의 시동을 걸고 유압 누출이 있는지 확인한다. 마스트를 뒤로 약 20도의 각도만큼 경사시켜 섀시에 놓여있는 포크 가까이 가지 않고도 하역할 수 있다. 트레일러에서 내려가고, 포크 섀시로부터 제거한다. 포크들을 장착합하고 마스트가 세워지면 안전 케이블을 다시 연결한다.

○ 마스트를 별도로 수송할 경우:

마스트와 리프트 실린더, 리프트 체인 및 유압 호스들이 손상되지 않도록 주의한다. 마스트 조립체는 무게가 20톤이나 된다.

- 탑재 : 양중 브라이들(Bridle)을 마스트의 상단에 고정시킨다. 크레인이 마스트를 제대로 통제하게 되면 카운터웨이트 (Counterweight)에서 틸트 실린더 핀을 제거하고 경사 실린더를 수축시킨다. 트럭과 마스트 간의 모든 유압호스들과 전기 배선들의 연결을 단절시킨다. 유지볼트(retaining bolt)를 프레임의 마스트 핀으로부터 제거하고 핀들을 제거한다. 구동 타이어에 최대한의 접지력을 줄 수 있도록 포크 리프트를 뒤로하여 트레일러 램프를 올라간다. 트럭에서 내리기 전에는 주차 브레이크를 걸고 엔진 키를 뺀다. 체인을 축이나 마스트 부품, 실린더 베이스 또는 프레임 부분 위로 위치시키지 않도록 하며, 타이어는 최소 60%가 트레일러 데크 지지대 위에 있도록 유지한다.
- 하역 : 모든 체인들을 트레일러 베드로부터 제거한다. 연료와 타이어의 상태를 확인한다. 수송 시에 느슨해졌을 수 있는 유압 장치들을 체크한 후, 엔진의 시동을 걸고 유압 누출이 있는지 확인한다.

  앞 차축의 무게가 가벼워 트레일러 램프에서 과도하게 브레이크를 사용하면 타이어들이 미끄러질 수 있기 때문에 트럭을 아주 조심스럽게 램프 아래로 운전한다. 트럭을 마스트로 가까이 대고 핀 구멍들을 정렬하여 마스트 핀들을 삽입한 후에는 유지 볼트를 끼우고 조인다. 경사 실린더 유압 호스들을 연결하고 경사 실린더 컨트롤들을 경사 클레비스(Clevis) 핀들을 정렬시켜 조립한다.

  나머지 호스들과 전기선들을 마스트에 연결하고, 크레인 양중용 브라이를 제거한다. 모든 기능들이 정상 작동하는지 확인하고, 캐리지와 포크를 장착한다.

2) 안전 매뉴얼

마린 포크 리프트의 정상적 운전과 정비 중 발생될 수 있는 기본적인 안전 상황들에 대해 설명하고, 그러한 상황 시의 대응책을 제시하기 위한 목적이다.

장비나 부속 장치 및 작업장 조건이나 작업 구역들에 따라 추가적인 유의사항들이 요구되거나 일부 사항들은 해당되지 않을 수도 있으며 장비의 안전한 운영은 항상 운영자의 책임이다.

마린 포크 리프트 운전자는 험한 지형용 포크 리프트를 사용하기 전에 안전 매뉴얼과 제조업체 매뉴얼을 반드시 읽고 숙지해야한다. 또한, 운전자의 훈련 및 자격과 관련하여 OSHA기준들을 포함한 제반 해당 법률 및 규정들을 반드시 준수해야 한다.

▸ 험한 지형용 포크 리프트

"험한 지형용 포크 리프트"(Rough Terrain Forklift)는 일반적으로 공기주입 타이어를 장착하고 자연적인 지형과 험한 건설 현장들에서 사용되도록 제작된 동력 가동 산업용 포크 리프트들을 지칭하는 용어이다. "험한 지형"(Rough Terrain) 이라는 용어는 해당 포크 리프트가 어떤 종류의 지형에서도 안전하게 사용될 수 있음을 의미하지는 않는다.

○ "험한 지형용 포크 리프트" 형태
- 수직 마스트 형
- 고소 (Variable reach) 형

▸ 안전경고 표시

안전경고 표시는 "주의! 귀하의 안전이 위협받을 수 있습니다"를 의미한다. 안전경고표시는 마린 포크 리프트와 매뉴얼 내의 안전 표시가 필요한 곳 및 기타 해당되는 곳에 중요한 안전 메시지를 전달하기 위하여 사용된다. 이 표시가 보이면 인명사고의 가능성에 주의해야하며, 안전 메시지에 담긴 지침들을 준수해야 한다.

○ 안전이 중요한 3가지의 이유

- 사고는 장애와 사망을 초래한다.
- 사고는 비용을 발생시킨다.
- 사고는 예방할 수 있다.

▸ 경고단어

경고 단어들은 마린 포크 리프트와 작업장의 여러 장비들에 부착되어 있으며, 위험의 존재와 수준을 알려준다.

○ 위험 : 즉각적으로 위험한 상황을 표시하며, 만일 예방하지 않았을 경우 인명사고나 심각한 부상 초래

○ 경고 : 잠재적으로 위험한 상황을 표시하며, 만일 예방하지 않았을 경우 인명사고나 심각한 부상 초래

○ 주의 : 잠재적으로 위험한 상황이 존재함을 표시하며, 만일 예방하지 않았을 경우 부상 초래

▸ 안전 프로그램의 준수

포크 리프트의 안전한 사용을 위해서는 운전자로서의 책임을 다하는 것이 중요하다. 책임 있는 운전자는 제조업체가 공급한 문서화된 지침들을 명확하게 숙지하고, 실제 운전을 포함한 훈련을 이수하며 작업장에 해당되는 안전 규정들을 숙지해야 한다.

약물복용이나 음주는 운전자의 경각심과 주의력을 떨어뜨려 장비를 안전하게 운행할 능력에 영향을 미친다. 포크 리프트 운영자는 장비의 운전 시 절대로 약물복용이나 음주를 해서는 안 된다.

처방전에 의한 약이나 일반 판매 약을 복용 시에는 장비의 안전한 운용을 방해할 수 있는 약물의 부작용에 관하여 의료전문가와 상담을 통해 어떤 작업자도 경각심이나 주의력이 흐트러진 상태에서 마린 포크 리프트를 운전해서는 안 된다.

매달린 하물[2)]은 매우 위험하므로, 매달린 하물을 작업하게 되는 경우에는 장비 제조업체로부터 지침과 승인을 얻어야 한다.

시정이 나쁜 곳에 물건을 하역하게 될 경우에는 하물을 내려놓을 장소에 신호 담당자를 활용해야 한다.

▸ 장비에 대한 숙지

마린 포크 리프트와 작업자 매뉴얼에 있는 모든 위험, 경고 및 주의 안전스티커들과 스티커 위의 정보들을 읽어봐야 한다. 만일 의문시 되는 내용이 있을 경우 상급자에게 설명을 요청해야 하고, 경고들을 무시할 경우 인명 사고 또는 심각한 부상으로 이어질 수 있다. 그리고 포크 리프트에 있는 안전 보호용품들을 임의로 제거하거나 변경해서는 안 된다.

2) "하물"이란 작업 대상이 되는 짐을 포괄적으로 일컫는 말이다. 보통 운송업체가 지칭하는 포장된 상태의 '화물(貨物)이라는 좁은 의미가 아니라 한자로는 '荷物' 영어로는 'Load' 임.

○ 마린 포크 리프트에 대하여 알아야 할 지식

- 모든 제어장치의 작동법
- 모든 게이지와 램프 및 다이얼들의 기능
- 각기 상이한 포지션에서의 정격 하중 능력
- 속도/기어의 범위
- 브레이크 및 조향 특성
- 회전 반경 및 구역

▸ 운전 규칙의 숙지

○ 포크 리프트의 성능과 운전 특성을 알아야 한다.

○ 장비의 어떤 부분도 개조 또는 제거해서는 안 된다.

○ 포크 리프트 운전 시 항상 좌석벨트를 착용해야 한다.

○ 엔진을 스타트하기 전에 주변에 다른 직원들이 없도록 해야 한다.

○ 절대로 포크 리프트 제조업체가 승인하지 않은 장치들을 부착해서는 안 된다.

○ 절대로 장비 제조업체의 서면 지침이나 승인이 없는 '독립 장치'를 달아서는 안 된다.

○ 하물은 가능한 한 낮게 하여 운반한다.

○ 이동 시 교통 수칙을 준수한다.

○ 포크에 탑승해서는 안 된다.
○ 포크를 항상 지면으로 낮추고 주차 브레이크를 건 다음 엔진을 끄고 컨트롤 레버를 돌리고 키를 뺀 다음 하차한다.

새로운 장소에서 작업을 시작하기 전 상급자 또는 안전 담당자와 함께 점검을 실시한다. 준수해야 할 규정들도 문의해야 한다.

○ 운전자 숙지사항
- 해당 작업장에서 운전 규칙
- 모든 팻말과 깃발 및 표기들의 의미
- 손짓이나 깃발, 사이렌 또는 벨 신호

도로나 거리에서 운전할 경우에는 이 장비의 등급에 해당되는 현지의 교통규정들을 준수해야 한다. 이중 브레이크 페달(해당 시)이 함께 맞물려 있는지 확인하고, 교차로에서는 주의 깊게 접근하고 속도 및 교통 신호들도 준수해야 한다. 속도를 내서는 안 되며 급정거나 급회전을 해서도 안 된다.

포크 리프트를 도로상으로 수송을 할 경우 포크 리프트를 수송하기 위한 제조업체의 구체적인 지침들을 따라야 한다.

험한 지형용 포크 리프트는 물건들을 들어 올리거나 옮기도록 설계된 것으로 제조업체에 의한 승인이 없는 한 사람을 태우도록 제작된 것이 아니다.

▸ 안전 운전을 위한 준비

○ 마린 포크 리프트의 점검

작업을 시작하기 전에 포크 리프트와 수송 장비를 여유 있게 점검하며, 모든 시스템들이 적절한 가동 상태에 있는지 확인한다.

- 파손이나 분실 또는 훼손된 부품들이나 고정 장치들이 제대로 있는지 확인하고, 수리가 필요하면 수리
- 그냥 지나친 안전 스위치들은 없는지, 장비 위에 그 어떠한 경고 표시들이 없었는지도 확인
- 경고 스티커와 특별 지침 및 작업자 매뉴얼들이 읽기 쉽고 적절한 위치에 비치되어 있는지 확인
- 명확한 하물 차트를 확인 후 작업

- 용접이나 크랙 또는 서로 어긋난 곳이 없는지 확인
- 포크의 상태가 의심될 경우에는 포크를 세트로 교체(포크는 승인된 것들만 사용)

- 포크 고정 수단(해당 되는 경우)들이 제대로 되어있는지 점검하여 포크 위치가 변경 또는 떨어져 나가지 않았는지 확인
- 타이어의 찢어진 곳이나 튀어나온 곳과 공기압이 적절한지를 확인하고 필요한 경우 타이어 밸러스트(타이어 채움재) 체크
- 상용 및 주차 브레이크 정상 작동 확인
- 엔진과 라디에이터의 청결을 유지하여 오물이나 인화성 물질 방지
- 엔진 오일과 냉각 시스템이 적절한 수준인지 확인하고 필요시 오일이나 냉각수 보충
- 유압 시스템을 점검하여 필요시 유압유를 사용하여 요구되는 수준까지 보충
- 유압 호스 및 호스 연결부들을 점검하여 마모 또는 새는 곳이 없는지 확인
- 의심스런 상태의 호스 또는 연결부들은 보수 또는 교체
- 발받침이나 페달 및 미끄럼방지 표면들을 청결히 하고 그리스나 오일, 먼지, 눈이나 얼음 등 제거

- 모든 도어들이나 가드 또는 커버들이 정확하게 제 위치에 있는지 확인
- 제조업체가 요구하는 각종 정비 절차 준수
- 램프와 미러 및 창문들이 깨끗한 상태인지 확인
- 조명과 경적 및 와이퍼들이 적정하게 동작하는지 확인해야 하며, 전기 연결부들은 청결한 상태 유지 및 손상 상태확인
- 도구들과 도시락 통, 채인, 후크, 또는 운전을 방해할 수 있는 각종 잡동사니들을 치우거나 정리

- 마스트 슬라이딩이나 모든 롤링 구성품들이 자유자재로 움직이는지 확인
- 리프트 및 고소 작업 장치들이 자유자재로 움직이는지 확인

▸ 작업 구역에 대한 파악

작업을 시작하기 전에 작업할 구역에 대하여 가능한 한 많이 파악해야 한다. 작업 구역을 먼저 걸어서 확인한 다음 대상 구역의 표면을 점검 한다.

○ 점검사항 : 구멍, 낙하물, 장애물, 거친 곳, 전기선 및 장치, 연약지반, 깊은 진흙, 고인 물, 바닥 위의 기름, 젖은 곳, 미끄러운 표면
  만일 위와 같은 것들이 작업 구역 내에 있을 경우에는 작업을 시작하기 전에 제거해야 하고 제거가 불가능할 경우에는 작업 정지

도크나 램프 또는 바닥 면 위에서 작업할 경우 연약한 곳이 있는지를 확인한다. 타이어에 펑크를 낼 수 있는 모든 것들을 치우고, 만일 구멍이 있는 바닥면 위에서 작업할 경우에는 필요에 따라 포크 리프트의 최대 하역 지반압력 무게를 확인한다.

○ 상태 확인 사항 : 통제력 상실, 충돌, 전복
  장비 위 공간도 확인하며, 도어나 천정 면의 크기도 숙지한다.
○ 전기선과 장치들로부터의 규정 거리 유지: 제반 규정들에 의거한 모든 확인을 하지 않은 채 전기가 흐르고 있는 전기선이나 장치들에는 절대 접근 금지
○ 전기가 흐르는 물체 가까이에서 작동하는 기계들에는 항상 전기가 흐르고 있는 것으로 간주
○ 하물이나 기계가 전기선에 접근 주의
○ 전기선 또는 장치에 지나치게 가까이 접근할 경우 인명사고 또는 심각한 부상을 초래 야기

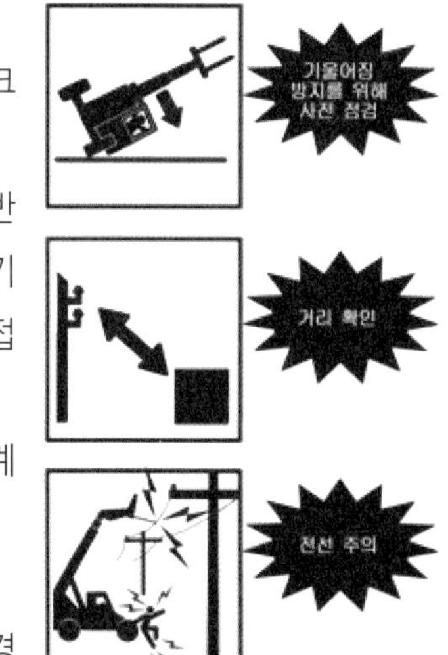

▸ 작업에 대한 사전 계획

작업을 시작하기 전에 어느 곳으로 이동하고 회전하며, 하물을 들어 올리고, 내려놓을 것인지 확인하고 장비나 하물이 쓰러지지 않도록 평탄한 진로를 선택한다.

○ 회피장소 : 바퀴자국이 있는 곳, 도랑, 연석, 철길 트랙

이러한 곳들이 불가피한 경우, 하물을 가능한 한 낮게 들어 매우 느린 속도로 조심하며 진행한다. 작업구역 내에 사각지역이 있는지를 확인하고 그러한 지역을 지날 때에는 일단 정지하고 경적을 울린 다음 서행한다. 포크 리프트와 작업장 내에 있는 여러 장비들과의 사이에는 항상 안전거리를 유지한다.

하물을 들어올리기 전에는 모든 작업 대상물들의 무게를 미리 파악하고 흩어질 수 있는 작업물은 가능한 한 피하고 적절하게 묶인 것들을 작업한다.

작업구역 내의 사람들과 포크 리프트 이동규칙들에 대하여 파악해야 하고 서행을 하고 경적을 울려 사람들에게 포크 리프트가 통과함을 알려야 한다. 포크 리프트가 지나감을 모두 알게 되거나 또는 진행로에 방해물이 없을 때까지 포크 리프트를 진행해서는 안 된다.

공공구역에서 작업할 때에는 장비의 운전을 위하여 "안전구역"을 확보하는 것이 필요하다. 원뿔이나 바리케이드 및 경고용 테이프 등을 사용하여 작업 대상 "안전구역"을 표시한다.

포크 리프트의 후방 스윙 부분과 전방의 포크 스윙 부분 사이에 충분한 거리가 확보되어 인명피해나 인근 사물에 피해가 가지 않도록 주의한다.

당일 작업 후에는 포크 리프트를 어디에 주차시킬 것인가를 파악해야 하며, 주로 통행이 많지 않을 곳을 선택한다. 만일 해당구역이 경사진 곳일 경우에는 포크 리프트를 경사면 위쪽 방향으로 위치시키고 주차브레이크를 건 다음 포크를 지면으로 낮추며 휠을 고정시킨다.

하물을 들어올리기 전에는 모든 작업 대상물들의 무게를 미리 파악하고, 흐트러질 수 있는 작업물은 가능한 한 피하고 적절하게 묶인 것들을 작업한다.

▸ 운전자의 보호

지급되거나, 규정이 요구하는 모든 안전복과 개인용 안전장구들을 착용한다.

○ 보호장구 : 안전모, 안전화, 보안경, 안전 고글 또는 안면 보호장구, 보호장갑, 청력 보호용구, 빛 반사 의복, 우천용 의복, 거즈 마스크 또는 필터 마스크

비상 상황 시 도움을 청할 곳이 어딘지를 항상 파악하고 구급함과 소화기/화재진압 시스템의 위치와 작동방법도 숙지한다.

포크 리프트로 작업할 경우나 가까이 있을 때에는 느슨한 옷이나 장신구를 착용하지 말고, 손과 머리, 발 및 옷들이 움직이는 부분들에 가까이 가지 않도록 주의한다.

포크 리프트를 운전 시는 금연이며, 엔진이 가동되는 상태나 화염 가까이에서 연료 탱크를 주입해서는 안 된다. 포크 리프트의 마스트나 붐 또는 기타 다른 곳에 올라가서는 안 된다.

제대로 조작되지 못한 기능들은 장비의 예상치 못한 움직임을 초래할 수 있기 때문에 운전자의 좌석 이외에서는 절대로 제어장치를 조작하지 않도록 한다.

▸ 안전한 작업 개시

운전자 좌석에 들어가기 전에 포크 리프트 주위에 아무도 없는지 확인하기 위하여 주위를 완전하게 돌아본다. 적절한 핸드레일이나 손잡이, 사다리나 계단 등을 활용하여 운전석에 오르며, 그 전에 먼저 신발과 손을 털어서 청결을 유지한다.

포크 리프트에 대하여 항상 "3점 접촉"을 활용하고 운전석에 오를 때나 내릴 때 장비를 응시한다. ("3점 접촉"이라 함은 장비에 오르내릴 때 양손과 발 중 3개를 장비에 접촉시킨다는 의미)

○ 엔진 가동을 시작하기 전 :

- 운전석에 착석
- 편안한 운전을 위하여 좌석 조정
- 좌석벨트 착용
- 모든 컨트롤 장치를 중립으로 위치
- 모든 브레이크들의 상태 확인
- 작업할 구역의 모든 사람들에게 작업 개시 알림

포크 리프트를 통상적 작업개시 또는 제조업체의 매뉴얼에 명시된 작업개시 절차에 따라 시작한다.

○ 작동 시작 전 확인사항

- 모든 장치와 게이지 및 표시등
- 경적과 백업 경보
- 좌우 조향 기능
- 적절한 기능을 위한 모든 컨트롤 레버
- 브레이크 및 적절한 운전을 위한 인칭페달(Inching pedal)

비정상적인 상태 또는 컨트롤 장치들이 제대로 반응하지 않을 경우 안전하게 장비를 정지시킨 후 재가동 전까지 원인을 바로잡는다. 가동하기 전에 속도와 방향 조절이 가능한지를 확인한다.

▸ 안전한 작동 (안전한 하물 작업)

운전자는 작업 대상 하물의 무게와 무게중심을 파악한다. 무게와 무게중심에 대하여 잘 알 수 없을 경우 상급자 또는 해당 하물의 공급자에게 확인한다.

포크 리프트의 정격성능을 확인하고, 하물을 안전하게 들어 올리고 옮기며 내려놓을 수 있는 작업 범위를 정하기 위하여 포크 리프트의 성능 차트를 참고한다. 하물을 양중 또는 하역할 때 스태빌-라이저 (Stabilizer) 사용을 위한 제조업체의 절차를 파악한다.

○ 하물을 들어올리기 전 :

- 지형조건을 확인(만일 불안정한 이동로라면 속도를 조절하고 하물의 양 조절)
- 하물을 이중으로 쌓을 경우 안정성이 없기 때문에 피해야 하며, 두 번 이상의 작업으로 전환
- 하물의 옆에 어떤 장애물도 없도록 정리
- 장비 제조업체로부터의 문서화된 지침과 승인이 없이는 "매달린" 하물 작업 금지
- 포크의 간격을 조절하여 팔레트나 하물이 최대한의 폭으로 작업진행
- 포크 끝은 직각으로 평평하게 맞추어 하물에 천천히 접근
- 포크의 한 쪽으로만 작업 금지

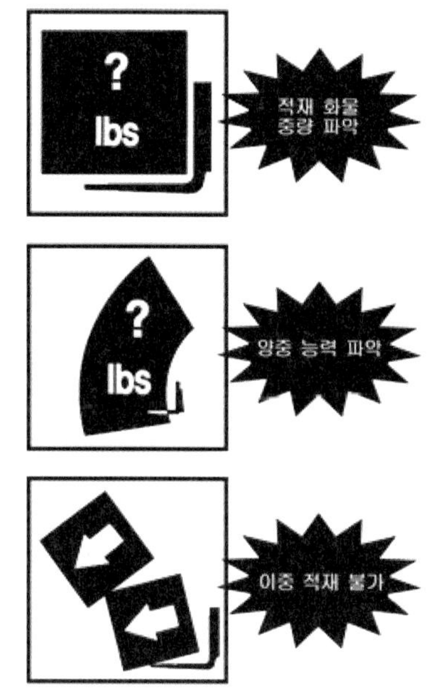

▸ 하물 옮기기

하물에 체결하여 백레스트(Back rest) 로 안착시킨 후 이동을 위한 포지션으로 하물을 경사시킨다. 포크 리프트의 경로에 있을 수 있는 장애물을 피할 수 있을 정도로만 하물을 양중한다.

○ 하물은 가급적 낮게 운반할 경우 :

- 포크 리프트의 안정성을 최대한 확보
- 브레이크로 인한 앞으로의 전도 가능성 감소

- 험한 경로로 이동시 화물이 쏠릴 위험 감소
- 하물 위로 보다 넓은 시야 확보 가능
- 조향기능의 통제용이

○ 장비의 전도 또는 하물의 전복을 방지위한 주의사항 :
- 주의를 다하여 속도를 줄이거나 저속 변환
- 방향을 반대로 바꾸기 전에 천천히 감속
- 핸들 또는 리프트 컨트롤을 급격하게 조작 금지
- 게임을 하듯 운전 금지

포크 리프트의 후방 스윙부분과 전방의 포크 스윙부분 사이에 충분한 거리가 확보되어 인명피해나 주변 사물에 피해가 가지 않도록 주의한다. 하물을 들어 올린 채로 이동하는 것은 매우 위험하며, 전복의 위험이 있다.

○ 올린 채로 이동해야 할 경우 :
- 하물을 최대한 낮게 유지
- 주의를 다하고 최대한 서행
- 항시 수평을 유지
- 급격한 회전 금지
- 급출발/급정지 금지

매달린 하물은 흔들리기가 쉽고, 포크 리프트의 안정성을 크게 저하시킬 수 있으므로 매우 위험하다.
- 장비 제조업체로부터 문서화된 지침과 승인을 얻도록 하고,
- 하물을 가급적 낮게 유지하며,
- 주의를 다하고 최대한 서행하며,
- 급격한 회전을 피하고,
- 급출발/급정지를 하지 않으며,
- 하물의 움직임을 방지하기 위하여 밧줄 등을 사용한다.

드럼이나 실린더, 릴 또는 기타 원형물체를 옮길 때에는 특별한 주의를 기울인다. 느슨하고 불규칙한 형태의 물품들은 적절하게 취급하지 않을 경우 포크에서 떨어지기 쉽기 때문에 아래의 유의사항 준수

- 하물이 유지될 수 있도록 포크를 뒤로 경사
- 느슨한 하물은 확고하게 고정
- 항상 평형 유지
- 급회전 금지
- 급출발/급정지 금지

길이가 길거나 키가 크거나 또는 폭이 넓은 물건의 취급 시에는 주변 공간을 주의 깊게 살피고, 회전 시 가장자리는 잘 보이지 않아 주변의 사람들이나 사물들에 피해를 발생시킬 수 있다.

하물이 운전자의 시야를 가리게 될 경우 포크리프트는 반대로 조작하여 이동하는 방향으로 뒤로 보는 것이 좋다. 이때는 서행을 하면서 누군가 인도를 해주도록 힌다.

○ 이와 같은 부상이나 피해를 방지하기 위한 준수사항 :

- 지나치게 가파르거나 불안정한 표면은 피한다. 경사면에서 작업을 해야 할 경우에는 하물을 낮게 유지하고 주의 깊게 진행한다. 그 어떤 경우이든 지나치게 가파른 경사면을 가로질러 운전하는 일이 없도록 한다.
- 경사면에서는 가능한 한 회전하지 않는다. 불가피할 경우에는 최대한의 주의를 기하고 가능한 한 크게 회전한다.
- 경사면을 오르거나 내려갈 때에는 포크리프트의 무거운 쪽이 경사면 위를 향하

도록 한다.
- 이동 속도를 줄이고 저속으로 변속하여 엔진브레이크를 사용한다.
- 경사면을 내려갈 때에는 절대로 클러치를 밟거나 중립변환을 금지한다.

▸ 하물의 양중과 하역

○ 하물이 하역될 장소까지 옮긴 후 진행사항 :

- 하역 지점이 하물의 무게를 안전하게 지원할 수 있는지 확인
- 선정된 하역 지점은 전후 좌우 측면에서 평탄화
- 양중 또는 하역 시 포크 또는 하물이 움직이는 공간 범위 내 장애물 해소
- 하물을 가능한 한 최대한 낮게 하여 하역 지점에 접근
- 하역 지점에 최대한 가깝게 접근
- 급정거 금지
- 포크 리프트는 중립
- 주차 브레이크를 당김.
- 포크 리프트의 좌우 균형을 맞춤(동 기능이 있을 경우)
- 포크 리프트에 아우트리거(Outrigger) 또는 스태빌라이저가 장착되어 있을 경우 낮춰 리프트를 안정
- 하물을 포크 리프트로 들어올리기 전에 사이드 시프트(Side shift)와 사이드 틸트 또는 스윙 캐리지 기능이 있는 포크 리프트의 경우에는 포크와 캐리지의 중심에 맞춤

○ 하물의 양중 시 규칙 :
- 하물은 천천히 그리고 부드럽게 상하가
- 들어 올려진 후 안정화되었을 경우에는 속도 증가 가능
- 하물이 하역 지점보다 높은 높이로 접근하게 되면 리프트 감속
- 하역지점에서 하물을 위치시키기 위하여 캐리지를 경사하거나 낮춤

- 하물의 무게가 하역지점 안착 후 포크를 하물 아래로부터 빼낼 수 있을 때까지 천천히 하물을 낮춤
- 포크를 빼내기 전 하역 지점에 과도한 굴곡이나 균열 발생 소음 또는 기타 과적 가능성 확인
- 하역지점이 해당 하물의 무게를 견디지 못할 것으로 판단되는 경우 하물을 다시 올려 확인 후 하가 진행

○ 하물의 아래로부터 포크를 빼내기 전 안전 요소 :

- 안전요소 1

붐이나 마스트를 최대 높이로 하여 하물을 다룰 경우 포크 리프트의 무게 중심이 안정성의 임계점에 달하기 때문에 매우 주의한다. 하물을 경사, 이동 또는 스윙하기 위한 각종 조정동작들은 포크 리프트의 안정성 한계를 초과하여 앞으로 전복되는 결과로 이어질 수 있다. 항상 붐의 길이와 마스트의 신장은 가능한 한 최대한 짧게 한다.

- 안전요소 2

특히 내리받이 경사면에서 높이 들어 올린 하물을 내려놓을 경우에는 비적재 상태의 포크 리프트는 전복의 위험성이 더욱 커지므로 매우 주의한다. 하물의 무게가 포크로부터 제거된 후에는 포크 리프트의 무게중심은 즉시 후방으로 이동하므로 후방 전복의 위험성이 커진다.

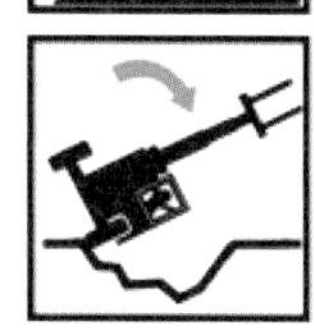

- 안전요소 3

하물을 적재하지 않은 마스트나 붐을 높이 올려 이동할 경우 거친 지면은 급격한 흔들림을 초래할 수 있기 때문에 매우 위험하다.

○ 하물의 하가

- 포크로부터 하물의 무게가 제거되었으므로 붐을 신축하거나 포크 리프트를 하물 아래로부터 제거 가능
- 캐리지를 지면 위 적재 위치로 낮춤
- 하역 위치로 이동해 작업 지속

○ 포크 리프트가 불안정하고 쓰러지려고 할 경우:

- 자세를 바로 잡고,
- 포크 리프트를 벗어나지 않으며,
- 좌석벨트를 조이고,
- 확고하게 붙들고 충격이 일어나는 지점과 반대쪽으로 몸을 기울임.

▸ 장비의 안전한 정지

포크 리프트를 안전하게 정지시키는 것은 작업에 사용되지 않는 포크 리프트에 예기치 못한 사고가 발생하는 것을 방지하는데 매우 중요하다.

○ 제조업체의 권고사항들 준수

- 평탄한 지반 위에서 완전히 정지
- 주차 브레이크
- 포크를 지면으로 하강
- 제어장치 중립(또는 주차)
- 엔진이 점차 식도록 아이들링
- 엔진 정지
- 유압 제어장치들을 돌려 시스템 내의 모든 압력 제거
- 점화 키 제거
- 핸드레일이나 손잡이, 사다리 또는 계단을 이용하여 하차
- 보호 커버나 가드등이 있으면 추가적으로 잠금
- 경사진 곳일 경우 포크 리프트를 경사면에 알맞은 각도로 위치시키고 휠을 고정

▸ 안전한 정비

○ 장비의 유지 관리

포크 리프트의 기능 이상은 정기적으로 정비를 해주지 못한 것으로 인한 경우가 많고, 포크 리프트 성능저하는 운전자뿐만 아니라 동료들에 대한 인명 사고나 심각한 부상으로 이어질 수 있다.

○ 정기적인 유지 관리

정기적인 일정에 의한 정비를 할 경우 포크 리프트 본래의 설계능력과 안전한 운전 조건을 유지할 수 있다.

○ 정비준수사항 :

- 느슨하거나 마모 또는 누출이 있는 부품들에 대한 일일 점검
- 정기적 윤활 및 유량 수치 점검
- 모든 필터 및 액체들의 제거 및 교체
- 모든 안전 램프와 게이지 및 경보와 경적의 기능

▸ 정비 실시 전 준수 사항

○ 장비 정비 실시 전

- 포크 리프트를 통행이 없는 평탄한 구역에 위치시키고 안전한 정지 절차 준수
- 안전한 정비에 필요한 다음을 포함한 모든 해당되는 보호용 의복과 개인용 안전장구 착용 : 에어프런 및 두터운 장갑, 보안경 또는 고글, 안전화, 용접용 헬멧 또는 고글, 필터 마스크 또는 거즈 마스크
- 만일 포크 리프트를 운전하지 않을 경우에는 “작동 금지” 경고문을 핸들에 부착하고 점화키 제거
- 적절한 조명과 환기

- 오염방지를 위하여 정비구역 주변의 청결 유지
- 정비 또는 수리에 필요한 알맞은 도구들만 사용
- 모든 양중 또는 지지용 도구들이 포크 리프트나 부품들의 취급에 충분할 정도로 안전하고 강한 것으로 취급
- 정비대상 위치에 해당되는 가드나 커버들만 제거하고 작업 완료 후 모든 가드나 커버 원위치

▸ 일반적 정비 안전 규칙들

○ 연료의 위험

대부분의 연료들은 인화성 물질이기 때문에 심각한 사고발생 예방규칙들을 준수한다.

- 연료주입 시 엔진과 점화 장치 정지
- 연료 노즐을 접지하여 필터의 넥(Neck)과 스파크 방지
- 스파크나 화염이 연료에 근접 방지
- 연료주입 또는 연료통 취급 시 흡연 금지
- 연료관이나 탱크 또는 연료통의 가까이에서 절단 또는 용접작업 금지
- 탱크에 연료가 초과 방지, 넘친 연료는 즉시 제거

○ 엔진 냉각수 위험

수냉식 냉각 시스템은 엔진이 가열될수록 압력이 높아지기 때문에 라디에이터 캡을 열 때에는 매우 주의한다.

- 엔진을 끄고 식을 때까지 대기
- 보호용 의복과 보안경을 착용
- 라디에이터 캡을 첫 번째 회전 부분까지 천천히 돌려 압력이 빠져나가게 한 후에 캡을 완전히 제거

○ 유압시스템의 위험

유압시스템은 엔진이 가동될 때에는 압력이 높아지고 엔진이 꺼진 후에도 그 압력을 유지한다. 엔진이 꺼진 후 모든 유압시스템 제어장치들을 돌려 포크나 부착장비들이 지면에 닿은 상태에서 관내에 남아 있는 압력을 제거한다.

- 고열의 유압액은 심각한 화상을 초래할 수 있기 때문에 관을 빼기 전 유압액이 식을 때까지 대기
- 손으로 누출을 점검하지 않도록 주의(판자 또는 종이를 이용하여 새는 곳을 점검)
- 유압액은 눈에 영구적인 손상을 초래할 수 있다.(적절한 눈보호용구 착용)
- 유압액으로 인해 상처를 입거나 피부 속으로 유압액 침투한 경우 즉시 치료
- 유압 시스템을 청소하거나 채우게 될 경우 필터 캡을 천천히 돌려 점차적으로 제거

○ 전기 시스템의 위험

배터리 작업을 진행하기 전에 배터리의 안전에 관한 다음의 몇 가지 사항들을 항상 주지한다. 배터리의 주변으로는 매우 폭발력이 강한 가스가 상존하며, 특히 배터리를 충전할 경우 위험은 더욱 높아진다.

- 배터리에 인접하여 인화성 물질 제거
- 아크나 스파크 및 화염이 배터리에 접근금지
- 적절한 환기

배터리내의 액체인"전해질(Electrolyte)"은 유독성 물질인 황산을 함유하고 있으며 인체에 심각한 화학적 화상을 일으킨다.

- 안면 보호용구를 착용하여 눈을 보호
- 내약품성 장갑과 의복을 착용하여 황산이 피부나 옷에 묻지 않도록 주의

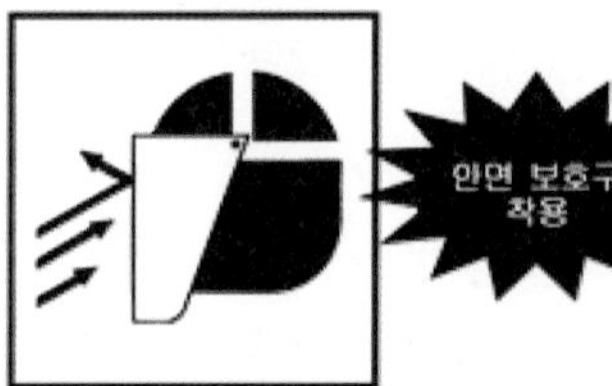

전해액이 눈에 들어갔을 경우에는 즉시 깨끗한 물로 눈을 씻어내고 치료를 받는다. 전해액을 삼켰을 경우에는 구토를 유발하는 것을 마시게 해서는 안 되며, 즉각적인 치료를 받는다. 또한 만일 전해액이 피부나 옷에 묻었을 경우는 즉시 깨끗한 물로 세척한다.

전기시스템에 대한 작업을 진행하기 전에 배터리 케이블의 연결을 단절한다. 쇠붙이를 사용하여 배터리 전극을 시험해서는 안 되며, 이로 인하여 발생되는 스파크 때문에 인화성 물질이 점화되어 화재나 폭발을 일으킬 수 있다.

- 먼저 배터리의 접지 케이블 분리
- 배터리를 다시 연결할 때에는 접지 케이블을 제일 마지막에 연결

제조업체의 매뉴얼에 명시된 적절한 "배터리에 의한 엔진 시동"관련 지침을 참조하시기 바란다. 배터리에 의한 엔진 시동을 할 경우 운전자는 운전석에 착석을 하여 엔진이 시동될 때 포크 리프트를 통제할 수 있도록 한다.

배터리에 의한 엔진 시동은 두 사람에 의해 가동

- 다른 차량을 사용할 경우 차량들이 서로 부딪히지 않도록 주의
- 배터리의 극성과 연결점 확인
- 엔진에 케이블을 최종 연결하거나 배터리로부터 가장 먼 지점으로 접지
- 스타터나 방전된 배터리에 최종 연결 금지
- 스파크로 인하여 배터리 내의 폭발성 가스에 점화 주의
- 점프 스타트를 한 후 케이블을 단절시킬 때에는 연결과 반대 순서로 케이블 분리
- 배터리가 얼었을 경우에는 배터리를 충전하거나 차량 부스트 스타트 금지

○ 타이어 휠의 위험

포크 리프트의 안정성은 타이어의 팽창 상태나 밸러스트 부족으로 인하여 크게 영향을 받기 때문에 매일 타이어와 휠을 점검한다.

- 타이어의 점검 : 적절한 압력, 찢어지거나 튀어나온 곳, 못 자국 또는 기타 구멍들, 필요시 적절한 밸러스트
- 밸러스트 점검 : 균일하지 못하거나 과도한 마모, 밸브 스템 (Valve stem) 및 캡의 상태
- 추가점검 : 타이어 림의 손상, 없어지거나 느슨해진 러그 (Lug) 너트 또는 볼트, 명백한 얼라인먼트 틀어짐

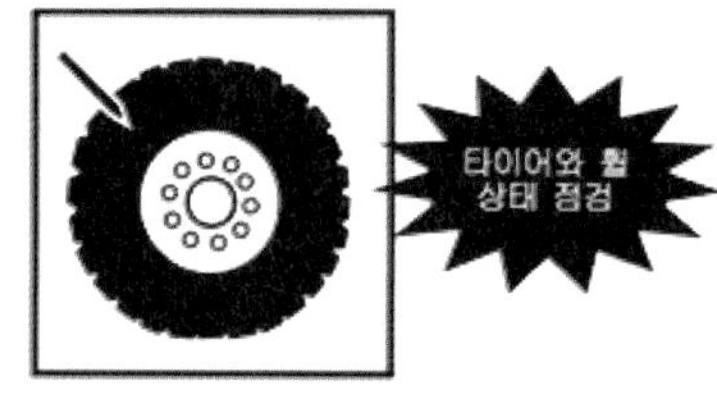

모든 타이어 정비작업은 자격을 갖춘 타이어 서비스센터 또는 서비스 절차와 타이어 서비스용 장비들의 사용에 대해 훈련을 이수한 사람이 실시한다.

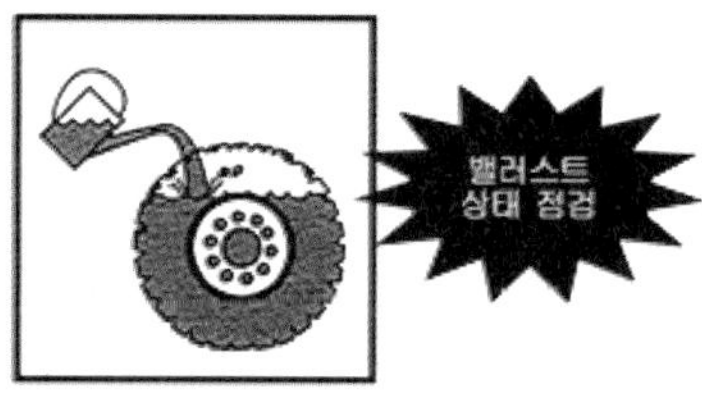

장비에서 사용되는 림과 타이어들의 형태들은 특별한 주의를 기울여야 인명사고나 심각한 부상의 발생을 예방할 수 있다.

반드시 준수해야 할 몇 가지 중요한 요소 :

- 과도한 타이어 충전 금지
- 펑크로 인하여 밸러스트가 새어 나온 타이어는 수리하여 포크 리프트를 재가동하기 전에 다시 밸러스트로 보충
- 완전히 펑크가 났거나 또는 타이어 압력이 매우 낮은 채로 휠로부터 분리하지 않고, 사용한 타이어는 절대 재충전 금지
- 다시 장착하기 전에 타이어와 림을 면밀하게 점검
- 모든 휠 러그 너트나 볼트 주변을 청소하고 제조업체의 기준에 따라 토크 값이 안정 수준이 될 때까지 토크를 점검하며, 이후 정기적인 간격에 의거하여 점검
- 휠이나 림에 절대로 용접 금지

3) 안전점검 체크리스트

▸ 일일점검

일일 안전점검표									
장 비 명								Komarine Yacht Sale & Service ㈜코마린	
모 델 번 호									
운 전 시 작 일	20 . . . (요일)								
마 지 막 운 전 일	20 . . . (요일)								
운 전 시 간	시간 분								
연번	점검사항	이상유무							비고
		월	화	수	목	금	토	일	
1	운전시간								
2	라디에이터 용액 양								
3	엔진 오일 양								
4	연료 양								
5	벨트와 호스 육안 점검								
6	고압 호스 육안 점검								
7	타이어 육안 점검								
8	리프팅 케이블 육안 점검								
9	슬링, 핀 육안 점검								
10	5분간 엔진 예열								
11	경보/경고 장치 점검								
12	직진/후진 운전 점검								
13	바퀴 정렬 상태 점검								
14	리프팅 작동 상태 점검								
15	게이지 점검								
16	주차 브레이크 점검								
17	안전 요원 조끼 점검								
작성자(서명)									
비 고									

▸ 주간점검

주간 안전점검표		
장 비 명		Komarine Yacht Sale & Service ㈜코마린
모 델 번 호		
운 전 시 작 일	20 . . . (요일)	
마 지 막 운 전 일	20 . . . (요일)	
운 전 시 간	시간 분	

연번	점검사항	이상유무					비고
		1주차	2주차	3주차	4주차	5주차	
1	운전시간						
2	라디에이터 용액 양						
3	엔진 오일 양						
4	연료 양						
작성자(시명)							
비 고							

▶ 점검 시, 이상이나 기기 불량 발견 시, 기기 작동 전 담당자에게 반드시 알리도록 한다.
▶ 장비나 리프팅 기기의 육안 점검은 오전 휴식 시간 또는 점심시간 이후에 실행한다.
▶ 브레이크가 작동되는 동안 기기의 외판은 반드시 제자리에 위치시킨다.

▸ 월간점검

<table>
<tr><td colspan="10">월간 안전점검표</td></tr>
<tr><td colspan="2">장 비 명</td><td colspan="6"></td><td colspan="2" rowspan="5">Komarine Yacht Sale & Service
㈜코마린</td></tr>
<tr><td colspan="2">모 델 번 호</td><td colspan="6"></td></tr>
<tr><td colspan="2">운 전 시 작 일</td><td colspan="6">20 . . . (요일)</td></tr>
<tr><td colspan="2">마 지 막 운 전 일</td><td colspan="6">20 . . . (요일)</td></tr>
<tr><td colspan="2">운 전 시 간</td><td colspan="6">시간 분</td></tr>
<tr><td rowspan="2">연번</td><td rowspan="2">점검사항</td><td colspan="6">이상유무</td><td colspan="2" rowspan="2">비고</td></tr>
<tr><td>1월</td><td>2월</td><td>3월</td><td>4월</td><td>5월</td><td>6월</td></tr>
<tr><td>1</td><td>로프에 윤활제 도포</td><td></td><td></td><td></td><td></td><td></td><td></td><td colspan="2"></td></tr>
<tr><td>2</td><td>케이블 점검 윤활제 도포</td><td></td><td></td><td></td><td></td><td></td><td></td><td colspan="2"></td></tr>
<tr><td>3</td><td>부식 유무 체크</td><td></td><td></td><td></td><td></td><td></td><td></td><td colspan="2"></td></tr>
<tr><td colspan="5">작성자(서명)</td><td colspan="5"></td></tr>
<tr><td colspan="2">비 고</td><td colspan="8"></td></tr>
<tr><td colspan="10">▶ 점검 시, 이상이나 기기 불량 발견 시, 기기 작동 전 담당자에게 반드시 알리도록 한다.
▶ 장비나 리프팅 기기의 육안 점검은 오전 휴식 시간 또는 점심시간 이후에 실행한다.
▶ 브레이크가 작동되는 동안 기기의 외판은 반드시 제자리에 위치시킨다.</td></tr>
</table>

제10장 육상계류장

10-1. 속초코마린 육상계류장 운영

1) 육상계류시설 구조(DRY STACK)

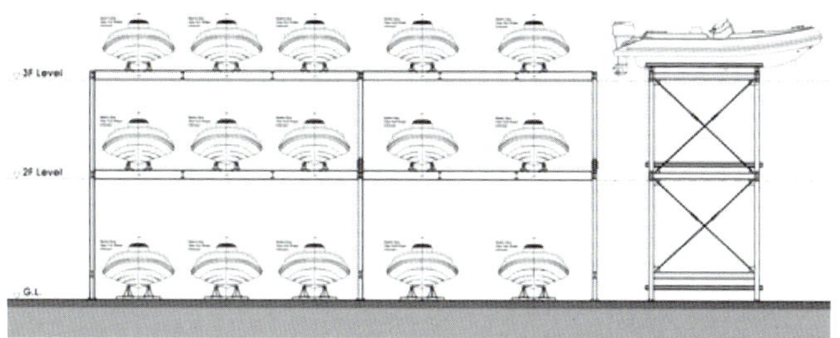

ㅇ 30ft/5ton 이하급 보트

- Beam 최소 3ft에서 전장(LOA) 최대 30ft/5ton까지
- Dry Stack에서 수용

ㅇ Over-Sized 보트

- LOA 최소 31ft에서 전장(LOA) 최대 40ft/12ton까지
- 단독 크래들에서 수용

2) 보유 시설 및 장비

㈜코마린 속초지점 육상계류장에서는 고객 수요증가에 따라 유동적으로 확장 가능한 형태의 Dry Stack을 보유하고 있다. 고객의 편의에 따른 보트 및 요트의 장・단기간 보관을 위해 다양한 장비를 이용한 유지・보수 관리 대행이 이루어지고 있다.

ㅇ 상하가 시설 및 장비

- Forklift(보트 양하 장비)
  · 인양높이: Positive(+): 9.14m / Nagative(-): 8.0m
  · 인양중량: Max. 10.0ton
  · 인양 보트 길이: Max. LOA 40ft
  · 이용 구간: Dry Stack <-> 해상
    Dry Stack <-> Trailer(운송용)
    Dry Stack <-> Cradle(수리용)
    Cradle <-> Trailer(운송용)

ㅇ 보관 시설 및 장비

- Dry Stack(선반식 육상 계류 시설)
  · 수용량: (총 15척) 1F-5척 / 2F-5척 / 3F-5척
  · 수용 보트 중량: Max. 10.0ton
- Cradle(세일 요트 보관용)
  · 수용량: 1척
  · 수용 요트 중량: Max. 10.0ton
- Trailer(보트 전시 및 운반용 거치대)
  · 전시용: 5EA
  · 운반용: 1EA

ㅇ 세척 시설 및 장비

- 고압 세척기 : 수압: 130bar
- F.W. Tank(물 저장 탱크) : 저수량: 5ton

3) 서비스 영역

항해를 마친 요트 및 보트들은 염분과 기타 이물질들로 인한 선체부식 때문에 항상 전문가의 관리가 필요하다. ㈜코마린 육상 계류장에 보관된 고객님의 요트 및 보트는 소속 스텝에게 다음과 같은 서비스를 제공받을 수 있다.

ㅇ 보관 서비스

해상보다 안전한 육상에 있는 Dry Stack에서 보트를 보관할 수 있다.

ㅇ 유지 및 보수 서비스

선체 오염방지 작업, 페인팅 및 샌딩작업, 프로펠러 및 보트 하부 점검, 전기 전장 서비스 등을 제공받을 수 있다.

ㅇ 상하가 서비스

출항이나 입항 시간을 미리 통보하면 Dry Stack에서 승선장으로, 혹은 승선장에서 Dry Stack까지, Forklift를 이용한 보트 양하작업이 조금 더 효율적으로 이루어질 수 있다.

ㅇ 운항 서비스

조종면허 자격을 갖춘 전문 운항사가 운항하는, 보다 안정적인 승선감의 세일링을 즐길 수 있다.

ㅇ 급유 및 급수 서비스

보트 운항에 필요한 연료와 청수를 운항 직전에 미리 공급받을 수 있다.

ㅇ 운항 후 선내 청소 및 세정 서비스

선내·외 청소 및 엔진 세정서비스 등 레저 활동 후의 유지 관리까지 책임진다.

4) 서비스 비용

ㅇ 보관 서비스

- 보관은 장기 1년과 단기 4개월/1개월로 구분
- 보관비용은 종류와 크기(ft)에 따라 별도로 첨부된 문서 참고

ㅇ 유지 및 보수 서비스

- 실비 청구
- 유지 및 보수 비용은 적용되는 부분에 따라 별도로 청부된 문서

ㅇ 양하 서비스

- 1년 이상의 장기 계약 또는 단기 계약 고객에게 월 5회 무료 양하 서비스 지원
- 월 5회 이상의 양하 작업을 할 때, 6회부터 매회 50,000원씩 청구

ㅇ 운항 서비스

- 고객 소유의 보트를 이용
- 운항비용은 출발지로부터 목적지까지의 이동거리에 비례하여 청구

ㅇ 급유 및 급수 서비스

- 실비 청구
- 급유 및 급수 당시 시가 적용

ㅇ 운항 후 선내 청소 및 세정 서비스

- 운항 후 외부 청수 세정과 엔진 세정은 무상
- 운항 후 선내 청소 비용은 기본 30,000원, 보트의 상태에 따라 추가 청구
- 코마린 연안부두 육상계류시설 요금표(견본)

서비스	보관				상하가	세척	
길이(ft)	1개월	3개월	6개월	1년	1 회	외부	전체
16	153,600	460,800	921,600	1,689,600	48,000	153,600	192,000
17	163,200	489,600	979,200	1,795,200	51,000	163,200	204,000

서비스	보관				상하가	세척	
길이(ft)	1개월	3개월	6개월	1년	1 회	외부	전체
18	172,800	518,400	1,036,800	1,900,800	54,000	172,800	259,200
19	182,400	547,200	1,094,400	2,006,400	57,000	182,400	273,600
20	192,000	576,000	1,152,000	2,112,000	60,000	192,000	288,000
21	201,600	604,800	1,209,600	2,217,600	63,000	201,600	302,400
22	211,200	633,600	1,267,200	2,323,200	66,000	211,200	316,800
23	220,800	662,400	1,324,800	2,428,800	69,000	220,800	331,200
24	230,400	691,200	1,382,400	2,534,400	72,000	230,400	345,600
25	247,500	742,500	1,485,000	2,722,500	75,000	240,000	360,000
26	257,400	772,200	1,544,400	2,831,400	78,000	249,600	374,400
27	267,300	801,900	1,603,800	2,940,300	81,000	259,200	388,800
28	285,600	856,800	1,713,600	3,141,600	84,000	268,800	403,200
29	295,800	887,400	1,774,800	3,253,800	87,000	278,400	417,600
30	306,000	918,000	1,836,000	3,366,000	90,000	288,000	432,000
31	325,500	976,500	1,953,000	3,580,500	93,000	297,600	446,400
32	336,000	1,008,000	2,016,000	3,696,000	96,000	307,200	460,800
33	346,500	1,039,500	2,079,000	3,811,500	99,000	316,800	475,200
34	357,000	1,071,000	2,142,000	3,927,000	102,000	326,400	489,600
35	367,500	1,102,500	2,205,000	4,042,500	105,000	336,000	504,000
36	388,800	1,166,400	2,332,800	4,276,800	별도견적	345,600	518,400
37	399,600	1,198,800	2,397,600	4,395,600	별도견적	355,200	532,800
38	410,400	1,231,200	2,462,400	4,514,400	별도견적	364,800	547,200
39	421,200	1,263,600	2,527,200	4,633,200	별도견적	374,400	561,600
40	444,000	1,332,000	2,664,000	4,884,000	별도견적	384,000	576,000

5) 운영 관련 보험

㈜코마린에서는 전문 보험사와의 협약을 통해 화재나 인사 사고, 자연 재해 등을 포함하여 전방위적인 사고에 대비한 보험을 갖추고 있다.

ㅇ 보험 상품의 종류

- 화재 보험
  · Dry Stack에서 보트를 보관 중일 때 발행할 수 있는 화재 및 자연재해로 인한 손실을 보상하는 보험

- 중장비 보험
  · Forklift 또는 관련 중장비로 인한 인사사고 및 시설물 손상에 대해 보상하는 보험

- 업무상 배상 책임 보험
  · 정비사가 보트를 수리할 때 발생될 수 있는 과실로 인한 손해배상 청구를 보상하는 보험

ㅇ 제휴 보험사

- 현대해상화재보험㈜

6) 계약서(견본서식)

○ 공간 임대 계약서

Contract of Dry Stack Service

Location : 강원도 속초시 조양동 1034-18

Tel. 033-637-4609

본 계약은 (주)코마린(이하, "코마린") 및 하기 서명자 (이하 “소유주”) 간에 코마린 보트 육상 계류 시설(Dry Stack)과 그 제반 시설물 사용에 관하여 체결된 계약서이다.

제1조 (공간 임대 비용) 공간의 확보와 관련하여 소유주는 코마린이 공시한 제반 규정과 요율에 의거하여 매월 코마린 측에 비용을 지불키로 한다. 코마린은 언제든지 본 내용을 변경할 수 있는 권한을 가지며 소유주는 계약 기간 동안 변경내용을 준수할 것임에 동의한다. 임대비용은 코마린 측이 정기적인 명세내역을 제공함과 관계없이 마감기일 안에 지불이 되어야 한다. 소유주가 본 계약서 내용에 의거하여 명시된 비용 및 기타 비용들을 기한 내에 지불하지 않을 경우 임대 공간으로부터 강제 퇴거되며 또한 코마린은 아래 제4조에 의거한 조치들을 강구할 수 있다. 단, 지대, 임대비용의 상승, 공과금의 증액, 기타 사유가 있을 때는 임대 기간 중에라도 협의를 통해 증액할 수가 있다.

제2조 (임대공간의 변경) 코마린은 보트 야드와 회사의 효율적인 운영을 위하여 필요하다고 판단될 경우 배정 공간의 변경과 소유주의 자산을 이동시킬 수 있는 권한을 보유한다.

제3조 (공급 설비 및 서비스) 소유주는 자신의 보트 및 장비를 위하여 제공된 전기 및 기타 유틸리티와 서비스들에 대하여 코마린이 공시한 현행 요율 (또는 그러한 공시가 없을 경우 코마린 육상 계류장 관리자가 제시하는 요율) 기준에 의거하여 비용을 지불해야 한다. 코마린은 소유주의 보트와 장비들

에 대한 유틸리티 서비스를 지속적으로 제공하지 않는다. 특히 전기 공급과 관련 서비스 또는 제반 전기 회로 보호 장치들과의 호환성 등에 대하여 보장하지 아니한다.

제4조 (불이행) 소유주가 본 계약에서 합의한 바에 의거하여 코마린에게 지불해야 할 임대 비용 및 제반 비용들을 지불하지 않거나 또는 본 계약의 제반 조건들을 위반하는 경우 코마린은 사전 통보 없이 본 계약과 관련된 소유주의 보트나 장비, 또는 기타 장치나 설비, 장치물 등을 압수 조치하고, 그로 인해 발생되는 비용들이 전액 지불되거나 또는 본 계약의 위반사항들이 교정될 때까지 그것들을 Boat Yard 또는 기타 다른 장소에 유치할 수 있다. 소유주는 계약 불이행에 대한 담보로써 자신의 선박 또는 기타 장비들에 대한 코마린 측의 유치권을 인정한다. 이와 같은 코마린의 자구책은 해당 지역의 법령들과 규정들에 의거하여 코마린이 가질 수 있는 기타 권리들을 대신하는 것이 아닌 추가적인 조치들이다. 본 계약에 의거하여 지불되어야 할 비용 회수를 위한 제반 조치에 들어가는 비용 외에도 계약위반으로 코마린에게 발생되는 각종 비용과 변호사 비용 등을 추가로 지불할 것에 동의한다. 연체 비용에 대하여는 월 1.5%, 즉 연 18% (또는 법정 최고 한도액 중 낮은 것 적용)의 연체 이자가 적용된다. 이에 추가하여 60일이 경과한 건에 대하여는 신탁 비용이 더해져 청구된다. 하기 서명 소유주는 60일 경과 시점까지 임대 비용이나 제반 비용들이 지불되지 않거나 또는 코마린으로부터 통보를 받았음에도 불구하고 소유주 자산들을 임대 구역에서 퇴거하지 않을 경우 코마린이 소유주의 자산 등을 유치하고 공매 처분할 수 있는 권한을 인정하고 또한 승인한다.

제5조 (책임의 한계) 본 계약은 소유주의 자산에 대한 예치가 아니며 공간의 임차를 위한 계약이다. 코마린은 소유주의 자산을 보관하기 위하여 사유물을 받은 것이 아니므로 소유주의 장비나 설비, 장치물 등 소유주 소유물의 안전한 보관에 대한 책임을 지지 아니한다. 소유주는 코마린 소속 직원들이 소유주의 선박과 장비등을 취급하는 동안 발생되는 제반 손상이 작업자의 고의과실로 인하여 발생된 것이 아닌 한, 그 손상에 대한 책임을 지지 않는다. 또한 소유주는 목재 보트를 물 밖에서 보관하는 동안 삭구가 장착된

요트의 삭구와 마스트 등이 바람 등의 영향을 받아 파손될 수 있는 위험성이 있으므로 이로 인한 파손 등에 대하여 코마린은 책임지지 않는다. 소유주는 자신의 선박이나 장비의 주변을 청결하게 정돈하며 인화성, 폭발성 물질 등 위험물의 구내 유입을 금할 것에 동의한다. 또한 소유주의 자산이나 코마린 구역 내 또는 그 인근 구역에서 소유주나 그 대리인, 직원, 초청인 등에게 발생하는 사건 사고들에 대하여 코마린이 책임을 지지 않는다. 이에 하기 서명 소유주는 산업재해보상법 또는 유사관련법에 의거한 권리를 주장할 수 없다. 소유주는 그 자신과 대리인, 직원, 초청인 또는 고객들의 상해와 관련하여 발생될 수 있는 각종 비용들에 대하여 코마린의 면책을 인정한다. 소유주는 소유주나 그 대리인, 직원, 초청인 또는 고객들의 행동이나 과실로 인하여 발생될 수 있는 본인 소유의 재산 손실에 대하여 코마린의 면책을 인정한다.

제6조 (보험) 선체보험에 대한 내용 증빙으로 보험증서를 보트 소유주가 코마린에 제공해야 한다. 단, 해당 보험이 수리나 손상들을 담보하지 못할 경우 코마린에 청구될 수 있는 비용들은 소유주가 일체 부담해야 하며 그러한 비용은 동 임대 계약상의 제반 비용들과 동일한 것으로 취급된다. 그러한 담보의 범위는 재산상 책임뿐만 아니라 물리적 손상도 포함된다. 소유주의 그러한 손상과 손실들에 대하여 코마린은 면책된다.

제7조 (제반 법률 및 규정의 준수) 소유주는 수상레저안전법 및 지역의 법률과 제반 규정, 그리고 환경정책과 효율적 업무 진행 규정을 포함, 코마린과 그 대리인들이 공시하는 규범과 지침을 준수할 것임에 동의한다. 소유주는 다른 소유주나 또는 Boat Yard의 임대인들을 위험하게 하거나 위해를 줄 수 있는 행위를 하지 않도록 해야 한다. 애완동물은 전 Boar Yard 구역 내에서 애완동물용 목줄 또는 보호장구 없이 출입할 수 없다. 소유주는 소유주의 선박이나 장비 또는 소유주 자신이나 그 초청객 또는 피고용인들에 의해 배출된 쓰레기의 청소작업에 발생될 수 있는 비용을 전액 부담해야 한다. 위 내용으로 타인과의 관계에서 분쟁이 발생되는 경우 소유주는 분쟁의 해결을 위한 보증서를 제출할 것에 동의한다. 소유주는 코마린이나 그 대리인들이 자신의 선박이나 장비의 점검과 이동시 발생될 수 있는 화

재의 위험으로부터 소유주의 선박과 장비의 보호를 위해 항상 접근할 수 있도록 허가한다. 코마린이 구체적으로 동의하지 않는 한 Boat Yard 내에 별도의 표지 또는 표식을 게시할 수 없다.

제8조 (계약 및/또는 공간의 양도) 소유주는 본 계약과 그 조항, 또는 본 계약이 명시하는 공간에 대한 권리를 코마린의 허가 없이 양도·대여 또는 임대할 수 없다. 보관을 위한 임대에 한하며 또한 코마린 육상 계류장 책임자의 사전 서면동의 없이 그 어떠한 상업적 목적으로 해당 공간을 이용할 수 없다. 공간의 사용은 소유주 개인적 목적이나, 제 3자가 소유주로부터 선박 또는 장비를 구입하는 행위 등이 본 계약에 의거한 권리 또는 공간 이용 권리 등을 이양 받는 것을 의미하지는 않는다.

제9조 (계약 기간) 본 계약은 계약서에 명시한 일자로부터 효력이 발생되며 어느 일방이 상대방에게30일 전에 서면으로 사전 통보 후 쌍방간에 해지키로 합의하지 않는 한 계약은 유지된다.

제10조 (배수 플러그) 소유주는 보트가 물 밖으로 견인될 경우 자신의 책임으로 배수 플러그를 제거하고 런칭 요청 시에는 동 플러그를 다시 장착하여야 한다. 소유주는 또한 업(up) 포지션 시 트림탭(trim tab)과 아웃드라이브(outdrive) 및 선박의 이동 전 안테나를 반드시 책임지고 내려야 한다.

제11조 (선박 탑승) Yard에서 야간 동안 지내거나 또는 Yard 내 선박 안에서 지내는 것은 코마린의 허가가 없는 한 용인되지 아니 한다. 그러한 허가는 서면 상으로 이뤄져야 한다.

제12조 (제공 정보의 정확성) 소유주는 자신의 선박이나 장비와 관련하여 자신이 제공한 정보들이 진실되고 거짓이 없음을 보증해야 하며 소유주가 제공한 정보가 사실과 다를 경우 코마린은 책임지지 않는다.

제13조 (전적인 합의) 본 계약은 계약 쌍방의 완전한 합의를 기본으로 하고 있다. 본 계약은 쌍방 간에 서면 동의가 없는 한 그 어느 부분도 일방적으

로 수정 또는 변경되어서는 아니 된다.

제14조 (적법성) 본 계약 내용상의 일부분 또는 몇몇 사람이나 상황에 대해 법률상 내용 적용이 적절치 아니하거나 시행이 불가능할 경우, 그 부분을 제외한 나머지 부분의 본 계약은 영향을 받지 아니하며 그 효력이 그대로 유지된다.

제15조 (계약 연장) 계약 만료 30일 전까지 계약 만료에 대한 소유주의 통지가 없으면 계약은 자동 연장 되어 재계약이 된 것으로 한다.

제16조 본 계약 체결과 동시에 해당 월분을 지급하고 계약의 증거로서 본서 2통을 작성하여, 각각 1통씩 보유한다.

(1) 일　자 : ＿＿＿＿년＿＿＿＿월＿＿＿＿일

(2) 마리나 : ＿＿＿＿＿＿＿＿＿＿＿＿＿＿＿＿＿＿
　　공　간 : ＿＿＿＿＿＿＿＿＿＿＿＿＿＿＿＿＿＿

(3) 소유주 : ＿＿＿＿＿＿＿＿＿＿＿＿＿＿＿＿＿＿
　　주　소 : ＿＿＿＿＿＿＿＿＿＿＿＿＿＿＿＿＿＿
　　전화번호 : 사무실 (　　　)＿＿＿＿＿＿＿＿＿＿＿＿
　　　　　　　자　택 (　　　)＿＿＿＿＿＿＿＿＿＿＿＿

(4) 비상시 연락처 : ＿＿＿＿＿＿＿＿＿＿＿＿＿＿＿＿
　　전　화 : (　　　)＿＿＿＿＿＿＿＿＿＿

(5) 기　간: ＿＿＿＿년＿＿＿＿월부터 ~ ＿＿＿＿년＿＿＿＿월까지

(6) 요　금 : ＿＿＿＿＿＿＿＿＿＿＿＿＿＿＿＿＿＿
　　* 상기 총 지불 금액 : ＿＿＿＿＿＿＿＿＿＿＿＿＿＿

(7) 보트 내역

선박번호__________ Sail/Power____________ 제작사____________

색　　상__________ 선　박　명__________ 전　장____________

트레일러 라이센스 번호_________________ 제작사____________

색상_________________

(8)보험사 : ______________________________________

보험사 전화 : (　　　)_____________________

*첨부서류: 선박국적증명서, 수상레저기구 안전 검사증

㈜코마린

서명:__________________________ 일자:__________________

선박 소유주

서명:__________________________ 일자:__________________

ㅇ 선박 보관 계약서

(주)코마린(이하 甲이라 한다)과 사용자____________(이하 乙이라 한다)는 甲이 경영하는 보관소 내에서 乙이 소유하는 하기선박을 보관하기 위해 하기의 내용으로 계약한다.

* 선박규격(예시)

<table>
<tr><td>(1)기구의 명칭</td><td colspan="2">코마린 1호</td><td colspan="2">(2)기구의 종류</td><td colspan="2">모터보트</td></tr>
<tr><td>(3)등록번호</td><td colspan="6">00-00-0000-0000 (등록번호판: 00-00-0000)</td></tr>
<tr><td>(4)계류지
(보관장소 등)</td><td colspan="6">속초 코마린 센터</td></tr>
<tr><td>(5)기관의 종류</td><td>선외기</td><td>(6)형식</td><td>2Cycle</td><td>(7)기관 수</td><td colspan="2">1</td></tr>
<tr><td>(8)최대 출력</td><td>250마력</td><td>(9)승선인원</td><td>8名</td><td>(10)총톤수</td><td colspan="2">2.45ton</td></tr>
<tr><td>(11)선박 소유자 주소
/성명</td><td colspan="6"></td></tr>
<tr><td>(12)보트 사용자 주소
/성명</td><td colspan="6"></td></tr>
<tr><td>(13)보관상 특히
주의를 요하는 사항</td><td colspan="6"></td></tr>
<tr><td>(14)보관소 출입표
번호</td><td colspan="6"></td></tr>
</table>

제1조 상시 선박이 보관소를 사용하는 기간은 ____년____월____일부터 ____년____월____일까지____개월로 하고 기간 만료 전 1개월까지 계약 종료에 대한 을의 통지가 없을 때는 계약기간이 자동 연장되어 재계약이 된 것으로 본다.

제2조 보관 요금은 월액 또는 총액____________원으로 하고 乙은본계약체결과 동시에 해당 보관요금 전액을 지급한다. 단, 지대, 임대료 등의 상승, 공과금의 증액 기타 사유가 있을 때는 기간 중이라도 협의를 통해 증액할 수 있다.

제3조 乙은 본 계약을 체결할 때 당 보관소 관리규정을 승인하고 이것을 준수한다.

제4조 乙이 보관요금을 납입하지 않았을 때, 또는 본 계약 및 관리규정에 위반했을 때는 최고를 하지 않고 즉시 계약을 해지할 수 있다. 乙은 보관기간 만료로 해약하려 할 때는 1개월 전에 甲에 통지해야 한다.

제5조 본 계약 체결에 의해 생긴 乙의 甲에 대한 권리는 타인에게 양도할 수 없다.

제6조 본 계약서 및 당 보관소 관리규정에 없는 사항에 대해서는 甲·乙이 협의한 다음 결정한다. 이하 계약의 증거로서 본서 2통을 작성하여, 甲·乙 각각 1통씩 보유한다.

*첨부서류: 선박국적증명서(또는 동력수상레저기구 등록증)
수상레저기구 안전 검사증

甲 코마린 서명:____________________
일자:____________________

乙 선박 소유주 서명:____________________
일자:____________________

▸ 이용기준

○ 반드시 육상계류장 운영 규정을 준수한다.
○ 운영규정 위반 시 계류장 이용에 대한 불이익이 발생한다는 것을 인정한다.
○ 급유 및 급수는 시가를 적용한다.
○ 유지 및 보수는 적용되는 부위에 따라서 실비 청구한다.
○ 운항 서비스 요금은 출발지로부터 목적지까지의 거리와 시간을 기준으로 실비 청구한다.

▸ 이용자 혜택

○ 3개월 이상 보관 시 주 5회 보트 무료 양하
○ 보트 양하 시 외부 간단세척 및 간단 정비 서비스 무료 제공
○ 편의시설(생수, 주차 등)의 무상사용

제11장 생산 및 장비 관리 서비스

11-1. 카네비컴해양 대불공장

카네비컴은 더욱 편안하고, 안전하고, 가치 있는 해양 산업 발전을 위하여 연안용 전자해도(Electronic Navigational Chart, ENC)와 디스플레이를 개발 중이며, 증가하는 해양산업의 수요에 적극적으로 대처하고자 2013년 전남 영암 대불공단에 3,800평 규모의 조선소를 매입했다.

그동안 대형 선박 수주에 참여하며 블록을 제작하여 성동조선 등에 납품 했으며 마린 모바일 리프트, 소형 유람선, 바지선 등을 제작하고 있다.

국내 최초로 개발한 마린 모바일 리프트와 수상레저산업의 밑거름이 될 수 있는 소형유람선, 바지선의 가공, 조립 등 전반적인 제작이 가능함에 따라 이를 통한 Know-How를 기반으로, 사용현장에서 발생되는 고장 수리 등 문제점 해결에 3일 이내 신속한 대응이 가능하다.

한국승강기안전공단으로부터 설계도면의 안전심사부터 제품에 대한 안전심사를 받았으며, 한국선급(KR)으로부터 성능테스트에 대한 시험 성적서를 발급받은 마린 모바일 리프트와 공장에서 제작되는 제품에 대한 안전도를 높이기 위한 노력을 지속하고 있다.

나아가 끊임없는 연구와 테스트를 통해 기존 모델의 성능 개선과 새로운 모델 개발을 이뤄나가고 있다.

11-2. 장비관리사이트(공개, 무료)

제작된 장비 또는 보유, 이용 중인 장비의 지속적인 관리(서비스)가 가능하도록 웹 기반의 장비 관리 사이트를 운영 중이다. 대한민국 국민이면 누구나 무료 이용이 가능하며 사업자나 개인이 소유하고 있는 장비(양하 장비, 요트, 보트, 수상 오토바이 등)의 생산부터 이용과 폐선까지 전 과정을 제작사, 사용자, 소요부품, 비용 등 세세한 항목까지 관리함으로써 장비의 효율성을 향상시키고 운영의 편리함을 제공한다.

사이트 주소 : http://komarine.cafe24.com/adm/login.php
비번/아이디 : 등록 시 사용자 입력
사용자 : 해양 장비를 관리 하고자하는 모든 법인 및 개인
이용요금 : 무료
담당자 : 송은상
비밀 준수 : 사용자 등록 후 해당 아이디로 등록된 장비만 볼 수 있음.
(다만 장비의 명의 변경 시 장비의 이력을 이전해 달라는 요청이 있을 경우 코마린 담당자가 이전 가능하며 코마린 담당자는 등록된 자료를 볼 수는 있으나 비밀유지의 의무가 있음.)

▸ 초기 화면

▸ 사용자 등록 (사업자 등록 페이지 참조)

Komarine Yacht Sale & Service
처음으로 기본설정 게시판 관리자 등록 점검 수리

■ 사용자등록

사용자명	
인증레벨	1
소속지점	==== 소속지점을 선택하세요 ==== ※인증레벨이 3과 4일 경우 소속지점을 선
단체/업체명	
사업자번호	[예: 123-45-67890]

▸ 장비의 등록 화면(사용자 화면)

Komarine Yacht Sale & Service
처음으로 기본설정 게시판 관리자 등록 점검 수리 접속통계

■ 관리 장비 신규등록

고객정보 [추적코드 아이디 : 사업자번호 : seq : cust_no :]

사용자명 *필수	조회하기	사업자번호(아이디) *필수	공백없이 입력해 주세요.
휴대전화 *필수	[예: 010-7575-3333]	팩스전화	
주소 *필수	[예: 인천광역시 연수구 송도미래로 30]		
사업자등록증	No Img 찾아보기...	신분증사본	

▸ 장비의 등록 화면(장비 등록 사항)

장비정보

등록번호 *필수		관리자	= 소속지점을 선택하세요 =
제조사		원산지	
용도		운항구간	
기타사항			
장비사진1	No Img 찾아보기...	장비사진2	
등록증	찾아보기...		
장비구분등록 *필수	◉ 포크리프트 ○ 요트 ○ 보트 ○ 수상오토바이 ○ 기타선 ○ 여객선 ○ 모바일리프트 [제품종류를 선택하셔야 해당제품관련 입력폼이 나옵니다.]		

▸ 보험 및 정기검사

■ 보험 만기 예정 내역

종류	관리자	등록번호	장비명	가입업체
기타선	송도지점	ICC-093145	미추홀 2호	한국해운조합
여객선	송도지점	ICC-102831	미추홀3호	한국해운조합
기타선	송도지점	ICC-093145	미추홀 2호	한국해운조합
요트	당항포	15-14-2014-0007	드래곤1호	한화손해보험 (탑스넷)
보트	당항포	04052011004	코마린1750호	동부화재(탑스넷)

■ 안전검사 예정 내역

종류	관리자	등록번호	장비명	가입단체
여객선	송도지점	ICC-102831	미추홀3호	선박안전기술공단
보트	청라지점	04-07-2016-0015	ENCORE	선박안전기술공단
수상오토바이	청라지점	04-07-2016-0017	코마린 4호	한국수상레저안전협회
수상오토바이	송도지점	04-07-2016-0016	코마린 5호	한국수상레저안전협회
기타선	송도지점	ICC-093138	미추홀 1호	선박안전기술공단

■ 장비목록

번호	종류	관리자	장비명	등록번호
23	요트	청초지점	리니에	09-02-2016-0001
22	보트	당항포	코마린1750호	04052011004
21	보트	당항포	디노사우루수2호	15-14-2008-0004
20	보트	당항포	디노사우루수1호	15-14-2008-003
19	포크리프트	청초지점	포크리프트	w3.2M2-140-h2-30/26

▸ 유지 보수 수리 등록

처음으로 기본설정 게시판 관리자 등록 점검 수리 접속통계

■ 수리 접수

제품명 : [ ] 조회하기 * 등록관리에 등록되어 있는제품이어야합니다.

[장비정보] 장비명 : 모델번호 : 등록일자 : 구분 : 자세히보기

[사용자정보] 사용자명 : 대표번호 : 사업자번호 : 자세히보기

■ 수리현황

번호	모델번호	접수일자	처리일자	주요처리내용
5		2017-06-28	2017-07-05	
4		2017-01-25		
3		2017-01-25		
2		2016-10-28	2016-10-28	빌지펌프교체
1		2016-07-31	2016-08-03	무상보증수리

▸ 장비 조회

Komarine   처음으로 기본설정 게시판 관리자 등록 점검 수리 접속통계

■ 장비조회

등록번호 ∨ 검색

번호	구분	관리지점	장비명	등록번호
23	요트	청초지점	리니에	09-02-2016-0001 장비사진1: 등록증:
22	보트	당항포	코마린1750호	04052011004
21	보트	당항포	디노사우루수2호	15-14-2008-0004 장비사진1: 장비사진2: 등록증:
20	보트	당항포	디노사우루수1호	15-14-2008-003
19	포크리프트	청초지점	포크리프트	w3.2M2-140-h2-30/26 장비사진1:
18	요트	당항포	드래곤2호	MSC-097331 장비사진1: 장비사진2: 등록증:

▸ 기타 이용 화면

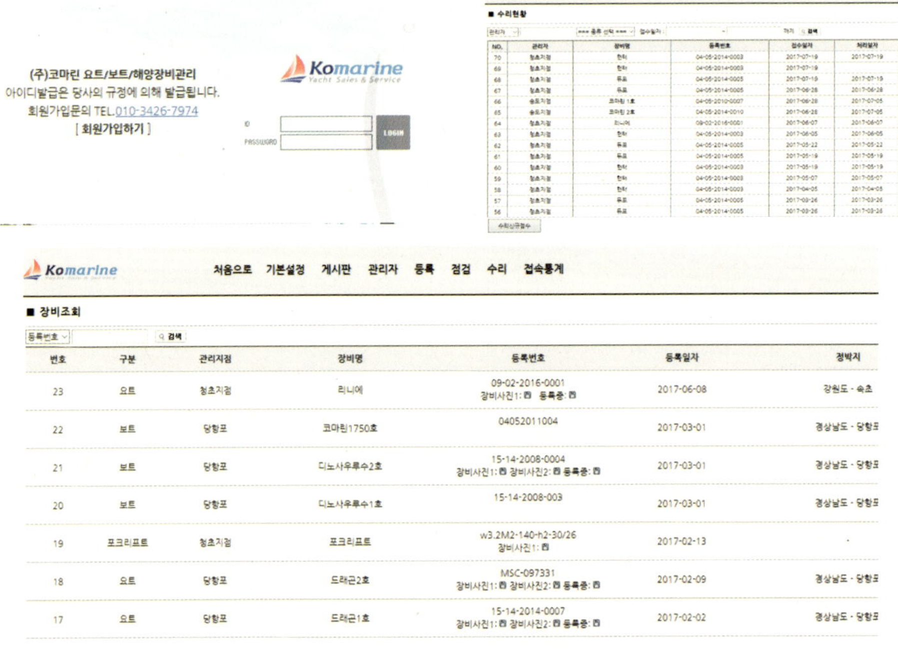

Komarine   처음으로 기본설정 게시판 관리자 등록 점검 수리 접속통계

■ 수리현황

NO.	관리자	장비명	등록번호	접수일자	처리일자
70	청초지점	[illegible]	04-05-2014-0003	2017-07-19	2017-07-19
69	청초지점	[illegible]	04-05-2014-0003	2017-07-19	
68	청초지점	[illegible]	04-05-2014-0005	2017-07-19	2017-07-19
67	청초지점	[illegible]	04-05-2014-0005	2017-06-28	2017-06-28
66	속초지점	코마린 1호	04-05-2010-0007	2017-06-28	2017-07-05
65	속초지점	코마린 2호	04-05-2014-0010	2017-06-28	2017-07-05
64	청초지점	리니에	09-02-2016-0001	2017-06-07	2017-06-07
63	청초지점	[illegible]	04-05-2014-0003	2017-06-05	2017-06-05
62	청초지점	[illegible]	04-05-2014-0005	2017-05-22	2017-05-22
61	청초지점	[illegible]	04-05-2014-0005	2017-05-19	2017-05-19
60	청초지점	[illegible]	04-05-2014-0003	2017-05-19	2017-05-19
59	청초지점	[illegible]	04-05-2014-0003	2017-05-07	2017-05-07
58	청초지점	[illegible]	04-05-2014-0003	2017-04-05	2017-04-05
57	청초지점	[illegible]	04-05-2014-0005	2017-03-26	2017-03-26
56	청초지점	[illegible]	04-05-2014-0005	2017-03-26	2017-03-26

Komarine   처음으로 기본설정 게시판 관리자 등록 점검 수리 접속통계

■ 장비조회

번호	구분	관리지점	장비명	등록번호	등록일자	정박지
23	요트	청초지점	리니에	09-02-2016-0001 장비사진1: 등록증:	2017-06-08	강원도 - 속초
22	보트	당항포	코마린1750호	04052011004	2017-03-01	경상남도 - 당항포
21	보트	당항포	디노사우루수2호	15-14-2008-0004 장비사진1: 장비사진2: 등록증:	2017-03-01	경상남도 - 당항포
20	보트	당항포	디노사우루수1호	15-14-2008-003	2017-03-01	경상남도 - 당항포
19	포크리프트	청초지점	포크리프트	w3.2M2-140-h2-30/26 장비사진1:	2017-02-13	-
18	요트	당항포	드래곤2호	MSC-097331 장비사진1: 장비사진2: 등록증:	2017-02-09	경상남도 - 당항포
17	요트	당항포	드래곤1호	15-14-2014-0007 장비사진1: 장비사진2: 등록증:	2017-02-02	경상남도 - 당항포

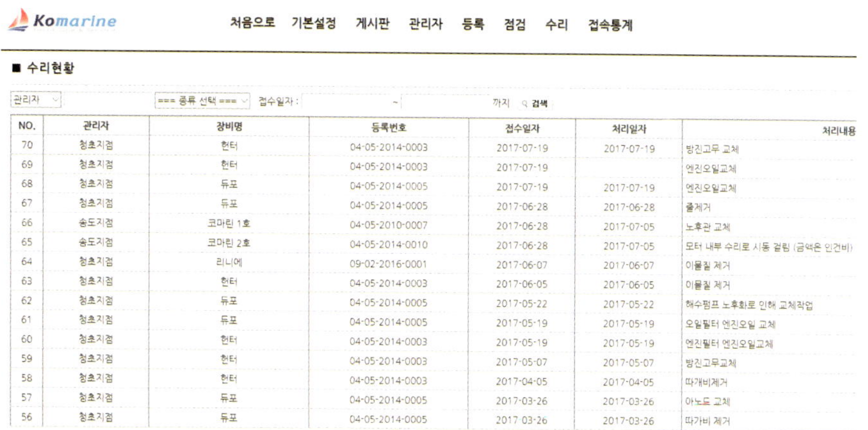

Komarine 처음으로 기본설정 게시판 관리자 등록 점검 수리 접속통계

■ 수리현황

관리자 === 종류 선택 === 접수일자 : ~ 까지 검색

NO.	관리자	장비명	등록번호	접수일자	처리일자	처리내용
70	청초지점	헌터	04-05-2014-0003	2017-07-19	2017-07-19	방진고무 교체
69	청초지점	헌터	04-05-2014-0003	2017-07-19		엔진오일교체
68	청초지점	듀포	04-05-2014-0005	2017-07-19	2017-07-19	엔진오일교체
67	청초지점	듀포	04-05-2014-0005	2017-06-28	2017-06-28	줄제거
66	송도지점	코마린 1호	04-05-2010-0007	2017-06-28	2017-07-05	노후관 교체
65	송도지점	코마린 2호	04-05-2014-0010	2017-06-28	2017-07-05	모터 내부 수리로 시동 걸림 (금액은 인건비)
64	청초지점	리니에	09-02-2016-0001	2017-06-07	2017-06-07	이물질 제거
63	청초지점	헌터	04-05-2014-0003	2017-06-05	2017-06-05	이물질 제거
62	청초지점	듀포	04-05-2014-0005	2017-05-22	2017-05-22	해수펌프 노후화로 인해 교체작업
61	청초지점	듀포	04-05-2014-0005	2017-05-19	2017-05-19	오일필터 엔진오일 교체
60	청초지점	헌터	04-05-2014-0003	2017-05-19	2017-05-19	엔진필터 엔진오일교체
59	청초지점	헌터	04-05-2014-0003	2017-05-07	2017-05-07	방진고무교체
58	청초지점	헌터	04-05-2014-0003	2017-04-05	2017-04-05	따개비제거
57	청초지점	듀포	04-05-2014-0005	2017-03-26	2017-03-26	아노드 교체
56	청초지점	듀포	04-05-2014-0005	2017-03-26	2017-03-26	따가비 제거

▸ 사이트 장비 등록 사진 예시

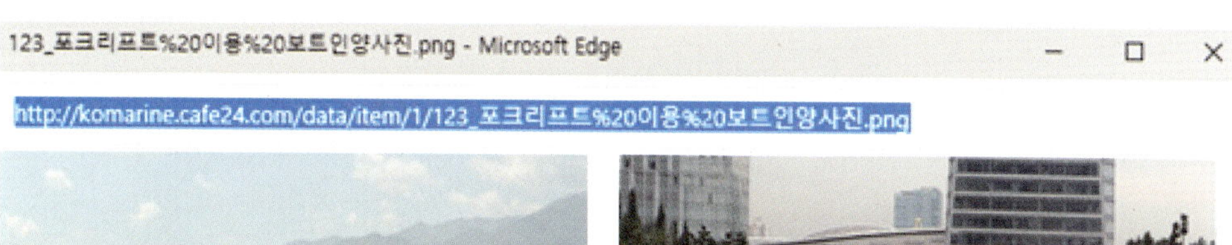

부 록

참고자료 1. 국내 주요 마리나 소개

참고자료 2. 해외 마리나 및 산업시설

참고자료 3. 마리나 운영장비 설계도면

■ 참고자료 1: 국내 주요 마리나 소개

국내 운영 중인 29개 마리나에 대한 위치 및 운영 등의 기본정보와 계류시설 및 이용정보의 현황이다.

마리나의 세일크루저 및 파워보트 이용가능여부, 급수 및 급전시설, 샤워시설, 식당, 상하가 장비 및 슬립웨이, 수리 및 정비시설 등의 서비스 제공 현황이다.

구분	세일 크루저 이용	파워 보트 이용	슬립 웨이	급전	급수	상하가 장비	수리 정비 시설	보안	식당	샤워
서울	○	○	○	○	○			○	○	○
김포 (아라)	○	○	○	○	○	○	○	○	○	○

구분	세일 크루저 이용	파워 보트 이용	슬립 웨이	급전	급수	상하가 장비	수리 정비 시설	보안	식당	샤워
전곡	○	○	○	○	○	○		○	○	
보령 요트			○							○
격포항 요트	○	○		○	○		○			
목포	○	○		○	○	○	○	○		○
완도항	○	○		○	○		○			
소호 요트		○	○							○
물건	○	○	○	○	○			○	○	○
삼천포	○	○	○					○		○
통영항 (통영)	○	○	○	○	○			○		
통영항 (충무)	○	○	○	○	○	○	○	○		○
사곡		○	○							○
지세포	○	○		○	○			○		○
수영만	○	○	○	○	○		○	○	○	○
양포	○	○								
포항 구항	○	○								
후포	○	○								
오산항	○	○								

참고자료 1. 국내 주요 마리나 소개

구분	세일 크루저 이용	파워 보트 이용	슬립 웨이	급전	급수	상하가 장비	수리 정비 시설	보안	식당	샤워
강릉	○	○	○	○	○		○	○	○	○
수산항	○	○	○	○	○	○	○		○	○
속초	○	○		○	○					
김녕항 (제주)	○	○		○	○	○				
김녕항 (김녕요트)	○	○		○	○	○				○
도두항 (제주)	○	○		○	○					
도두항 (한라대)	○	○		○	○					
도두항 (blue one)	○	○		○	○					
중문	○	○		○	○				○	
대포항	○	○								

1) 서해

▸ 서울 마리나

- ○ 계류 수용 능력(해상/육상) : 60척 / 30척
- ○ 계류 최대 전장 : 14m 까지
- ○ 이용절차 : 사전접수 후 이용가능
- ○ 계류비용 :

(단위 : 원)

크기	수상		육상	
	일	월	일	월
5m미만	18,000	300,000	7,800	130,000
5m이상~9m미만	22,500	375,000	11,700	195,000
9m이상~15m미만	39,900	665,000	16,000	266,500

- ○ CIQ[3] : 해당 없음
- ○ 관리서비스 제공
  - 서울 마리나 클럽&요트에서는 요트/보트 관리프로그램을 운영 중임.
  - 관리, 선체 수리, 엔진 점검
  - 수리정비를 일부 실시

3) C는 관세(customs), I는 출입국 심사(immigration), Q는 검역(quarantine)을 뜻하는 말이다. 관세는 수출입 화물이나 수화물 등에 대한 과세나 단속을 담당하고, 출입국 심사는 출국 및 입국자의 여권 심사 등을 통해 공정한 관리를 담당하며, 검역은 외국에서 전염병이나 해충 등이 침입하는 것을 방지할 목적으로 시행하는데 국제예방접종증명서(yellow book)를 요구하기도 한다.

참고자료 1. 국내 주요 마리나 소개

Repair Service	Mechanic Service	Maintenance	Bottom Cleaning
· 선체/화이버글라스 수리 · 페인팅/젤코드 작업 · 수연마 작업 · 티크 재생 · 우드워크	· 가솔린 인보드 엔진 · 가솔린 아웃보드 엔진 · 디젤엔진 · 정기점검 · 오일/필터교환	· 세척/광택 · 산화제거 및 왁스 · 틈새 실란트 작업 · 표면 연마 작업 · 녹/변색/부식 복원 · 가죽/비닐 클리닝 · 투명비닐 커버 클리닝	· 따개비 제거 · 선저 클리닝 · 아연판넬 교체 · 프로펠러 수리

○ 인근 마리나 : 반포동 선착장 6해리

○ 입출항 주의사항

- 마리나 상·하류의 반포대교와 신곡 수중보에 갇혀서 활동영역이 제한적
- 겨울철 한강의 결빙과 여름철 한강의 범람에 유의해야 함.
- 25피트 이상의 세일보트의 경우 마리나 반경 약 100m 이내의 수심에 유의해야 함.

○ 요트이용요금

요트종류	보유대수	탑승인원	1인 이용요금(1인당)		
			1시간	반나절코스	하루코스
크루저요트	14척	8명	15,000원	상 담	상 담
파워요트	1척	12명	600,000원	상 담	상 담
비지니스보트	1척	24명	336,000원	상 담	상 담

○ 요트임대요금

요트 종류	보유 대수	탑승 인원	임대료 (1척당)	기 간	비 고
크루저 요트	5척 한정	8	20,000,000원 (부가세별도)	<시즌임대> 4월초~ 10월말	1)법인/개인가능,전기/수도요금,계류비포함 2)보험료요트임대고객부담 3)요트운항/관리비별도,필요시 교육가능, 교육비별도

▸ 김포 마리나(아라마리나)

○ 계류 수용 능력(해상/육상) : 136척 / 60척

○ 계류 최대 전장 : 25m 까지

○ 이용절차 : 운하, 서해 진출입을 위하여 아래 절차가 필요함.

○ 기본 등록사항

- 회원가입 (경인항갑문 입출거회원)
- 선박제원 등록(모든 선박) : 수상기구 레저 등록증 또는 선박국적증서 등 첨부, 경인해양사무소 승인(032-880-6155)

○ 갑문 입·출거 신고

- 요트 및 모터보트 갑문 입·출거 신고(5톤 이상, 5톤 미만 전부) : 갑문이용 1시간 전까지만 신고 가능

○ 주운수로 운항

- 운항속도 10knots 준수
- 항무경인 VHF Ch. 09 청취(032-880-6153)

○ 계류비용 :

(단위 : 원)

요트길이(m)	해상 계류 요금						육상 계류 요금					
	일시사용(1척 1일)			상시사용(1척 1일)			일시사용(1척 1일)			상시사용(1척 1일)		
	합계	사용료	부가세	합계	사용료	부가세	합계	사용료	부가세	합계	사용료	부가세
6 미만	16,830	15,300	1,530	287,100	261,000	26,100	8,360	7,600	760	143,000	130,000	13,000
6~7	16,830	15,300	1,530	287,100	261,000	26,100	10,120	9,200	920	171,600	156,000	15,600

(단위 : 원)

요트길이(m)	해상 계류 요금						육상 계류 요금					
	일시사용(1척 1일)			상시사용(1척 1일)			일시사용(1척 1일)			상시사용(1척 1일)		
	합계	사용료	부가세	합계	사용료	부가세	합계	사용료	부가세	합계	사용료	부가세
7~8	16,830	15,300	1,530	287,100	261,000	26,100	11,770	10,700	1,070	200,200	182,000	18,200
8~9	19,360	17,600	1,760	328,900	299,000	29,900	15,510	14,100	1,410	262,900	239,000	23,900
9~10	22,220	20,200	2,020	378,400	344,000	34,400	17,820	16,200	1,620	301,400	274,000	27,400
10~11	25,630	23,300	2,330	435,600	396,000	39,600	20,460	18,600	1,860	348,700	317,000	31,700
11~12	29,370	26,700	2,670	499,400	454,000	45,400	23,540	21,400	2,140	399,300	363,000	36,300
12~13	30,030	27,300	2,730	510,400	464,000	46,400	23,980	21,800	2,180	408,100	371,000	37,100
13~14	30,580	27,800	2,780	520,300	473,000	47,300	24,420	22,200	2,220	416,900	379,000	37,900
14~15	31,240	28,400	2,840	531,300	483,000	48,300	24,970	22,700	2,270	424,600	386,000	38,600
15~16	31,790	28,900	2,890	540,100	491,000	49,100	25,410	23,100	2,310	432,300	393,000	39,300
16~17	32,450	29,500	2,950	552,200	502,000	50,200	25,960	23,600	2,360	442,200	402,000	40,200
17~18	33,110	30,100	3,010	563,200	512,000	51,200	26,510	24,100	2,410	451,000	410,000	41,000

- 시사용이란 이용기간이 월 17일 이내를 의미하고, 상시사용이란 월 17일 이상을 의미하며, 이 경우 1개월과 동일한 요금이 적용

○ CIQ
- 검역 : 국립인천검역소 032-883-7503
- 출입국 : 인천출입국관리사무소 032-891-9925(심사과)
- 세관 : 인천본부세관 032-452-3491

○ 인근 마리나 : 전곡 마리나 약 45해리

○ 입출항 주의사항
- 바다로부터 수도 서울에 가장 근접해서 정박할 수 있는 곳
- 35피트 이상의 세일요트는 마스트를 세우고 아라뱃길 경인운하 통과불가

(일부 교량 형하고 16-17m)
- 운하를 이용하기 위해서는 반드시 소정의 수속 필요
- 외해에서 경인운하로 찾아오는 때에는 주간의 만조시간을 이용권장
- 모든 선박은 갑문을 통과할 경우에 인천항만청 항만운영정보시스템을 이용하여 입출항 신고 필요

▸ 왕산 마리나

○ 2014년 완공 / 2016년 9월 오픈 예정
○ 계류 수용 능력(해상/육상) : 266척 / 34척(추후 육상 확대 계획)

▸ 전곡항 마리나

○ 계류 수용 능력(해상/육상) : 145척 / 55척

○ 계류 최대 전장 : 16.8m 까지

○ 이용절차 :

- 선주가 신청할 경우
  - · 레저용 기반시설 사용승인(변경) 신청서 및 서약서 작성 제출
  - · 접수증 및 계류비 고지서 발급
  - · 계류비 납부획인 및 사용승인서 및 영수증 발급
- 대리인이 신청할 경우
  - · 레저용 기반시설 사용승인(변경) 신청서 및 위임장, 서약서 제출
  - · 접수증 및 계류비 고지서 발급
  - · 계류비 납부확인 및 사용승인서 및 영수증 발급

○ 계류비용 :

- 사용허가 신청은 사용일 기준 5일 전에 신청
- 사용기간이 1개월 이상일 경우 상시사용으로 봄.
- 전기, 수도 등의 부속시설 사용료는 추가로 징수
- 제트스키, 고무보트 등은 사용 불허(단, 선양장 및 상하가시설 사용승인 가능)
- 6m는 21ft, 8m는 26ft, 8.5m는 28ft, 11m는 36ft를 의미
- 사용료를 6개월 이상 선납 시 금액의 5% 할인

(단위 : 원)

전장	육상계류시설		해상계류시설		선박 상·하가시설 (1척 1회)		클럽하우스 시설	비고
	일시사용 (1척1일)	상시사용 (1척1개월)	일시사용 (1척1일)	상시사용 (1척1개월)	트레블 리프트	선양장		
6m미만	5,000	95,000	-	-	30,000	육상 계류 시설 일시 사용료	다목적실 30,000/시간 200,000/일 클럽룸 15,000/시간 100,000/일 소회의실 7,000/시간 50,000/일 샤워실 대인 2,000 소인 1,000	부가세 별도
6~7m미만	7,000	125,000	-	-	35,000			
7~8m미만	9,000	155,000	15,000	250,000	40,000			
8~9m미만	11,000	185,000	17,000	280,000	45,000			
9~10m미만	13,000	215,000	19,000	310,000	50,000			
10~11m미만	15,000	245,000	22,000	350,000	55,000			
11~12m미만	17,000	275,000	24,000	400,000	-			
12~13m미만	19,000	305,000	27,000	450,000	-			
13~14m미만	21,000	335,000	29,000	500,000	-			
14~15m미만	23,000	365,000	32,000	550,000	-			
15~16m미만	25,000	395,000	34,000	600,000	-			
16~17m미만	27,000	425,000	37,000	650,000	-			

○ CIQ : 입항 전 휴대전화 또는 VHF 16 평택항 무선국 통신 필요
- 검역 : 국립인천검역소 032-883-7503
- 출입국 : 인천출입국관리사무소 032-891-9925(심사과)
- 세관 : 인천본부세관 032-452-3491

○ 인근 마리나 : 김포(아라) 마리나 약 45해리 / 보령 요트경기장 약 91해리 / 격포항 요트마리나 약 117해리

○ 입출항 주의사항
- 입항 시 마산수도로부터 제부항 등대 기준으로 진입 및 통과한 후 전곡항 방파제 등대 기준점으로 입항
- 주 항로를 중심으로 양쪽에 어장부표가 있으니 부표 사이로 입출항하며 간조 시 갯벌이 나타나므로 수로 중앙으로 입출항
- 전곡항 동방파제로 진입할 경우에는 남쪽 안벽 쪽에 큰 간출암이 있으니 크게 우회하는 것을 피할 것

▸ 목포항 마리나

○ 계류 수용 능력(해상/육상) : 32척 / 25척
○ 계류 최대 전장 : 18m 까지
○ 이용절차 :
- 사전 전화문의, 지정된 임시계류부두 접안
- 요트마리나 시설사용 신청서 제출(비상연락망 안내, 장기계류 시 선박등록증 제출)
- 계류비 선납(계류기간에 따른 계류선석 지정 및 관리규정 및 시설 이용안내)
- 지정된 계류선석으로 이동
○ 계류비용

구분	규격(길이)	금액(원)
15일 이내사용(척/일)	5m 미만	3,000
	5m~6m 미만	5,000
	6m~7m 미만	5,800
	7m~8m 미만	8,000
	8m~9m 미만	8,900
	9m~10m 미만	11,900
	10m~11m 미만	13,000
	11m~12m 미만	14,200
	12m~13m 미만	15,400
	13m~14m 미만	16,500
	14m 이상	17,700
상시사용(척/월)	5m 미만	49,700

구분	규격(길이)	금액(원)
	5m~6m 미만	80,500
	6m~7m 미만	88,700
	7m~8m 미만	120,400
	8m~9m 미만	130,700
	9m~10m 미만	179,400
	10m~11m 미만	192,400
	11m~12m 미만	205,100
	12m~13m 미만	217,700
	13m~14m 미만	230,800
	14m 이상	243,400

○ 요트마리나 부속시설 사용료

시설구분	사용료(1회 당, 원)	비고
레포츠교육장	50,000	집기포함(냉난방시 실제 사용한 전기, 유류의 사용액 징수)
샤워장	어른 1,000/ 어린이 500	
세척시설	10,000	
인양기	30,000	

○ CIQ : 입항 전 휴대전화 또는 VHF 16 목포항 무선국 통신
- 검역 : 목포검역소 061-244-0941
- 출입국 : 광주출입국사무소 목포 출장소 061-282-7294
- 세관 : 목포세관 061-460-8514

○ 인근 마리나 : 격포항 요트마리나 약 82해리 / 완도항 요트마리나 약 75해리

○ 입출항 주의사항
- 목포항으로 들어가기 전에 함평과 신안 쪽에서 유입되는 갯벌이 퇴적되어 수심이 얕아진 해역을 주의
- 하행 입항접근은 안마도와 임자도의 끝단에 있는 제원도를 찾아서 자은도

북단을 향해 접근하여 130~135로 변침하면 당사도와 초란도가 보이는데 초란도 하단을 통과하여 13마일을 더 가면 외달도, 달리도를 조우

- 이후, 세일을 올렸다면 여기선 내리고 화원과 달리도 사이를 지나서 목포대교를 통과
- 상행 입항접근은 진도대교를 통과하는 접근과 진도를 돌아 들어가는 진도외해 접근가능
- 진도대교 통과하는 접근은 엔진 트러블에 절대 유의하고 조석과 유속에 맞춰서 상행하면 외달도와 조우
- 진도 외해로의 접근은 진도와 가사도 사이를 택해 율도의 왼쪽 끝단을 바라보며 10마일을 올라간 뒤 010을 기준으로 올라가면 역시 외달도와 조우
- 목포 마리나에서는 5~6톤까지의 요트는 상가가능
- 입지적으로 입출항 어선과 여객선의 통항이 빈번함.

▸ 충남 마리나(개발구상안)

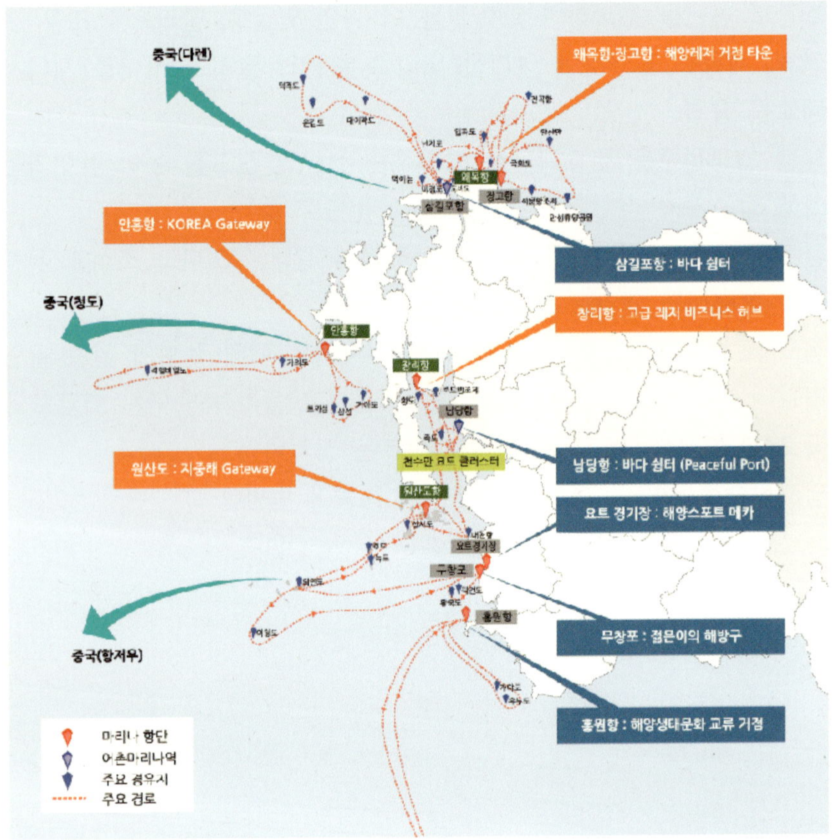

◦ 2030년까지 당진 왜목·장고항을 비롯해 서산 창리와 보령 원산도 등 충남 서해안 6개 시·군에 총 1400척 규모의 마리나 10곳 개발예정

◦ 마리나별 계류규모

- 당진 왜목 : 300척
- 장고항 : 200척
- 창리마리나 : 300척(청소년 해양레포츠종합센터 건립)
- 보령 원산도 마리나 : 200척
- 보령 무창포 : 100척
- 서천 홍원 : 100척
- 태안 안흥 : 100척
- 소규모 마리나 : 홍성 남당(55척), 보령 요트경기장(50척), 서산 삼길포(16척)

2) 남해(제주)

▸ 통영항 마리나(통영시)

○ 계류 수용 능력(해상/육상) : 23척 / -

○ 계류 최대 전장 : 15m 까지

○ 이용절차

- 선박국적증서 또는 수상레저기구등록증 제출
- 일반조종면허 또는 요트조종면허증 사본 제출
- 접수증 및 계류비 고지서 발급
- 계류비 납부확인 및 사용승인서 및 영수증 발급

○ 계류비용

- 사용허가 신청은 사용일 기준 10일 전에 신청, 사용기간이 1개월 이상일 경우 상시사용 간주
- 전기, 수도 등의 부속시설 사용료는 추가로 징수, 제트스키, 고무보트 등은 사용 불허
- 계류비용

구 분			사용료(원)
해상 계류장	일시사용 (1척 1일)	길이 5m 미만	6,000
		길이 5m 이상 6m 미만	8,000
		길이 6m 이상 7m 미만	10,000
		길이 7m 이상 8m 미만	12,000
		길이 8m 이상 9m 미만	14,000

구 분			사용료(원)
		길이 9m 이상 10m 미만	16,000
		길이 10m 이상 11m 미만	18,000
		길이 11m 이상 12m 미만	20,000
		길이 12m 이상 13m 미만	22,000
		길이 13m 이상 14m 미만	24,000
		길이 14m 이상	26,000
	상시사용 (1척 1개월)	길이 5m 미만	90,000
		길이 5m 이상 6m 미만	120,000
		길이 6m 이상 7m 미만	150,000
		길이 7m 이상 8m 미만	180,000
		길이 8m 이상 9m 미만	210,000
		길이 9m 이상 10m 미만	240,000
		길이 10m 이상 11m 미만	270,000
		길이 11m 이상 12m 미만	300,000
		길이 12m 이상 13m 미만	330,000
		길이 13m 이상 14m 미만	360,000
		길이 14m 이상	390,000

○ CIQ : 입항 전 휴대전화 연락 필요

- 검역 : 통영검역소 055-645-3579
- 출입국 : 창원 출입국관리사무소 통영출장소 055)645-3494
- 세관 : 통영세관 055-733-8005

○ 인근 마리나 : 통영항 내 금호개발(주) 충무마리나 약 500m

▸ 통영항 마리나(충무)

○ 계류 수용 능력(해상/육상) : 92척 / 15척

○ 계류 최대 전장 : 15m

○ 이용절차 : (주)충무마리나 리조트의 소정 양식 작성 제출

○ 계류비용 : 년 150~350만 원(크레인 50,000원/회)

○ CIQ : 입항 전 휴대전화 연락 필요

- 검역 : 통영검역소 055-645-3579
- 출입국 : 창원 출입국관리사무소 통영출장소 055-645-3494
- 세관 : 통영세관 055-733-8005

○ 입출항 주의사항

- 입출항시 통영 리조트를 기준점으로 하여 진입하면 용이
- GPS상 34°49' 51.69" N, 128°26' 17.84" E 기준 210°로 방파제 진입 후, 120°로 진입하면 계류장 확인
- 통영 마리나 수역은 연안 여객선의 주 항로로 입출항시 항행 중인 선박 주의
- 동쪽 약 3마일 부근 양식장이 산재하므로 통영 리조트 부근으로 입출항 필요
- 건너편 통영시 요트학교의 시설 이용 가능

▸ 수영만 마리나

○ 계류 수용 능력(해상/육상) : 293척 / 155척

○ 계류 최대 전장 : 25m

○ 이용절차

- 소유주 본인의 선박일 경우
  · 요트경기장 입항(선석지정 대기)
  · 요트경기장 시설(계류장)사용허가 신청서 작성 및 계류 선석지정
  · 선박소유자임을 증명할 수 있는 신분증 확인 후 사본징구
  · 계류선박 현장 확인(선박 사진촬영 및 길이 등 확인)
  · 계류비 부과(세외수입징수프로그램에 의거 고지서 출력)
  · 계류허가서 및 납부고지서 송달
- 대리인이 계류신청 할 경우
  · 요트경기장 입항(선석지정 대기)
  · 요트경기장 시설(계류장) 사용허가 신청서 작성 및 계류 선석지정
  · 실제 선박소유자의 위임장 및 신분증 사본, 대리인 신분증 확인 후 사본
  · 계류선박 현장 확인(선박사진촬영 및 길이 등 확인)
  · 계류비 부과(세외수입 징수프로그램에 의거 고지서 출력)
  · 계류허가서 및 납부고지서 송달

○ 계류비용(부산광역시 체육시설관리 및 운영 조례 제9조-별표 4. 제3호)

참고자료 1. 국내 주요 마리나 소개

구분	사용구분	부과기준	사용료(원)
계류장	일시사용(1척 1일)	전장 5m 미만	6,000
		전장 5m~7m 미만	10,000
		전장 7m~9m 미만	16,000
		전장 9m 이상	24,000
	상시사용(1척1월)	전장 5m 미만	100,000
		전장 5m~7m 미만	160,000
		전장 7m~9m 미만	240,000
		전장 9m 이상	360,000
샤워	1회		1,000
크레인사용료	1회		20,000
전기음향시설	부속시설 사용기준에 의함		
계측실	1회		250,000

○ CIQ
- 검역 : 국립부산검역소 051-602-0620
- 출입국 : 부산출입국관리사무소 051-460-3046~48
- 세관 : 부산세관 051-620-6793

○ 인근 마리나 : 지세포 마리나 약 31해리 / 충무 마리나 약 56해리 / 양포 마리나 약 53해리

○ 입출항 주의사항
- 출입구가 남북 2곳에 있으나 북쪽 출입구는 폐쇄되어 주로 남쪽 출입구를 이용
- 입출항시 광안대교와 해운대 아이파크가 현저하므로 두 물표의 중간으로 진입
- GPS상 좌표 35°09' 27.86" N, 129°08' 19.55" E 기준 90°로 진입하여 왼쪽 방파제를 통과한 후 300°로 입항
- 북방파제로 인해 항내 출항하는 요트가 시야를 가리고 입출항 요트가 많으므로 지속적인 견시와 충분한 안전속력을 유지하는 것은 필수
- 계류공간이 부족
- 흘수가 3m가 넘는 요트들은 입출항시 유의

▸ 김녕항 마리나 (김녕 요트투어)

○ 계류 수용 능력(해상/육상) : 4척 / -

○ 이용절차 : 김녕요트투어 전화 또는 게시판 개별문의

○ CIQ

- 검역 : 제주검역소 064-728-5501
- 출입국 : 제주출입국관리 사무소 064-723-3494
- 세관 : 제주세관 064-797-8812

○ 인근 마리나 : 도두 마리나 약 15해리 / 위미 마리나 약 36해리

○ 입출항 주의사항

- 북방파제 등대를 기준으로 방위 180°로 진입하여, 북방파제 통과 후 방위 260°로 진입
- 김녕항 북서방향(10시 방향)으로 정치망이 산재하여 있으니 항해 시 철저한 견시 필요

▸ 김녕항 마리나(제주도)

○ 계류 수용 능력(해상/육상) : 15척 / 10척

○ 이용절차 : 김녕어촌계 전화문의(064-783-2880)

○ 계류비용

구분	길이	계류비(원)
일시사용 (1척1일)	5m이하	5,000
	5 ~ 7m	10,000
	7 ~ 9m	15,000
	9m이상	20,000
상시사용 (1개월 이상)	5m이하	100,000
	5 ~ 7m	150,000
	7 ~ 9m	200,000
	9m이상	300,000

3) 동해

▸ 속초 마리나

○ 2016년 8월 현재 운영 준비중

○ 계류 수용 능력(해상) : 30척(35ft급 16척, 40ft급 12척, 50ft급 2척)

○ 계류 최대 전장 : 18.5m 까지

○ 이용절차 : 「무역항 요트 계류시설 사용에 관한 규정」을 따름

- 속초항 요트 계류시설 사용 신청서 작성
- 계류비 납부 및 사용허가증 발급

○ 계류비용 : 「무역항 요트 계류시설 사용에 관한 규정」을 따름

- 사용기간이 1개월 이상일 경우 상시사용으로 간주
- 전기, 수도 등의 부속시설 사용료는 추가로 징수
- 제트스키, 고무보트 등은 사용을 불허
- 35ft는 10.6m, 40ft는 12.1m, 50ft는 15.2m를 의미

시설별	사용구분	사용료(단위 : 원)	
		규격	금액(원)
계류장	일시사용 (척/일)	길이 5m 미만	4,000
		길이 5m 이상 6m 미만	5,000
		길이 6m 이상 7m 미만	6,000

시설별	사용구분	사용료(단위 : 원)	
		규격	금액(원)
		길이 7m 이상 8m 미만	7,000
		길이 8m 이상 9m 미만	8,000
		길이 9m 이상 10m 미만	9,000
		길이 10m 이상 11m 미만	10,000
		길이 11m 이상 12m 미만	11,000
		길이 12m 이상 13m 미만	12,000
		길이 13m 이상 14m 미만	13,000
		길이 14m 이상	14,000
	상시사용 (척/월)	길이 5m 미만	40,000
		길이 5m 이상 6m 미만	65,000
		길이 6m 이상 7m 미만	70,000
		길이 7m 이상 8m 미만	96,000
		길이 8m 이상 9m 미만	110,000
		길이 9m 이상 10m 미만	144,000
		길이 10m 이상 11m 미만	154,000
		길이 11m 이상 12m 미만	160,000
		길이 12m 이상 13m 미만	174,000
		길이 13m 이상 14m 미만	184,000
		길이 14m 이상	194,000
전기	실제 사용한 전기요금		
수도	실제 사용한 상수도요금		
비고	o 일시사용은 사용기간이 1개월 미만 o 상시사용이란 사용기간이 1개월 이상 o 선박길이는 바우스프릿·트랜섬스텝 등 의장품을 포함한 실측장 적용 o 전기.수도요금은 항만관리청이 전기.수도 공급업체에 납부		

○ CIQ

- 검역 : 농림수산검역검사본부 속초사무소 033-635-9125
- 출입국 : 춘천출입국관리사무소 속초출장소 033-636-8613

▸ 속초 코마린 마리나

○ 계류 수용 능력(해상/육상) : 10척 / 15척

○ 상하가 시설 및 장비

- Forklift(보트 양하 장비)

· 인양높이: Positive(+): 9.14m / Negative(-): 8.0m

· 인양중량: Max. 10.0ton

· 인양 보트 길이: Max. LOA 40ft

· 이용 구간: Dry Stack ↔ 해상

Dry Stack ↔ Trailer(운송용)

Dry Stack ↔ Cradle(수리용)

Cradle ↔ Trailer(운송용)

○ 보관 시설 및 장비

- Dry Stack(선반식 육상 계류 시설)

· 수용량: (총 15척) 1F-5척 / 2F-5척 / 3F-5척

· 수용 보트 중량: Max. 10.0ton

- Cradle(세일 요트 보관용)

· 수용량: 1척

· 수용 요트 중량: Max. 10.0ton

- Trailer(보트 전시 및 운반용 거치대)

· 전시용: 5EA

· 운반용: 1EA

○ 세척 시설 및 장비

- 고압 세척기
  · 수압: 130bar
- F.W. Tank(물 저장 탱크)
  · 저수량: 5ton

▸ 수산항 마리나(양양)

○ 계류 수용 능력(해상/육상) : 60척 / -

○ 계류 최대 전장 : 25m

○ 이용절차

- 전화문의(관리사무실 033-671-4152)
- 계류장 잔여석 여부확인, 지정된 임시계류부두 접안
- 요트마리나 시설사용신청서 제출
- 계류비 선납(비상연락망 안내, 장기 계류 시 선박등록증 제출)
- 계류기간에 따른 계류선석 지정, 마리나 관리규정 및 시설 이용안내
- 지정된 계류선석으로 이동

○ 계류비용

- 요트마리나 계류장 시설사용료

사용구분	규격	금액(원)	비고
일시사용 (15일 이내, 척/일)	길이 5m미만	3,000	17ft 미만
	5m이상 6m미만	5,000	20ft 미만
	5m이상 6m미만	5,800	23ft 미만
	5m이상 6m미만	8,000	27ft 미만
	5m이상 6m미만	8,900	30ft 미만
	5m이상 6m미만	9,500	33ft 미만

참고자료 1. 국내 주요 마리나 소개

사용구분	규격	금액(원)	비고
	5m이상 6m미만	10,400	37ft 미만
	5m이상 6m미만	11,300	40ft 미만
	5m이상 6m미만	12,300	43ft 미만
	5m이상 6m미만	13,200	46ft 미만
	5m이상 6m미만	14,100	46ft 이상
	5m이상 6m미만	39,700	17ft 미만
일시사용 (15일 이내, 척/일)	5m이상 6m미만	64,400	20ft 미만
	5m이상 6m미만	70,900	23ft 미만
	5m이상 6m미만	96,300	27ft 미만
	5m이상 6m미만	104,500	30ft 미만
	5m이상 6m미만	143,500	33ft 미만
	5m이상 6m미만	154,000	37ft 미만
	5m이상 6m미만	160,000	40ft 미만
	5m이상 6m미민	174,100	43ft 미만
	5m이상 6m미만	184,600	46ft 미만
	5m이상 6m미만	194,000	46ft 이상

- 요트마리나 부속시설 사용료

시설별	사용료(원)	비 고
레포츠교육장	30,000(1회)	집기포함 냉난방기 실제 사용한 전기, 유류의 사용액 징수
샤워장	1,000(1회)/ 500(1회)	어른/초등학생 이하
세척시설	5,000	
인양기(추후)인양시설	10,000	35톤급 마린 모바일 리프트

○ CIQ
- 검역 : 국립 동해검역소 033-535-6022
- 출입국 : 춘천 출입국관리사무소 속초출장소 033-636-8613
- 세관 : 속초세관 033-820-2114

○ 인근 마리나 : 강릉 마리나 약 23해리 / 속초 마리나 약 10해리

○ 입출항 주의사항
- 북방파제와 남방파제 사이를 기준 방위 000°로 진입
- 남방파제 통과, 방위 190°로 진입하면 계류장이 보임
- 입출항로 부근에 정치망이 있으니 입출항시 철저한 견시 필요

○ 인양시설
- 35톤급 마린 모바일 리프트(제작사 : ㈜카네비컴)

■ 참고자료 2: 해외 마리나 및 산업시설

국가	호주	도시	퀸즈랜드	명칭	골드코스트마리나
선석	전체 12,000석	면적		위치	강 하구 / 내만

전체 사진: 지정학적 위치 세계 최고	수상 계류 부분: 태풍이 없는 곳임

육상계류(수리)부분: 대규모 수리 조선소	수변 공간: 주거공간과 일체

장비: 마린 포크 리프트 5 ton	마린 트레블 리프트, 30ton, 50ton, 100ton

국가	미국	도시	캘리포니아 벨포트	명칭	벨포트
선석	육.해상1000석	면적		위치	강 하구 / 내만

전체 사진: 도시 외곽	수상 계류 부분: 주거공간과 일체

육상계류(수리)부분: 육상 계류가 더 많음	수변 공간: 주거 공간과 일체
	없음, 요트용품 판매점 있으며 수리는 인근 마리나에서 시행
장비: 마린 포크 리프트 5.0ton	육상 수리소:

참고자료 2. 해외 마리나 및 산업시설

국가	호주	도시	시드니	명칭	달링하버(전시)
선석	해상 200척	면적		위치	강 하구 / 내만

전체 사진: 도시 안에 위치	수상 계류 부분: 요트전시장,역사적인 곳임
해당 없음	
육상계류(수리)부분:	수변 공간:
해당 없음	해당 없음
장비:	육상 수리소:

국가	호주	도시	시드니	명칭	
선석	해상500척	면적		위치	내만

전체 사진:	수상 계류 부분:
해당 없음	
육상 계류 부분:	수변 공간:
	해당 없음
장비:5ton	육상 수리소:

국가	프랑스	도시	르아브르	명칭	끌레멍쏘
선석	육.해상1500척	면적		위치	방파제/내만

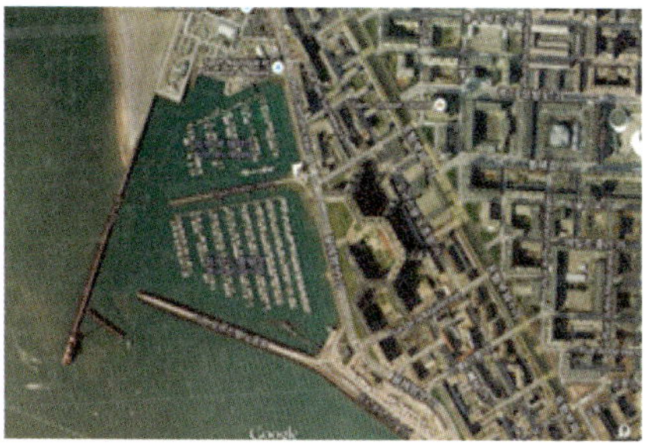 전체 사진:	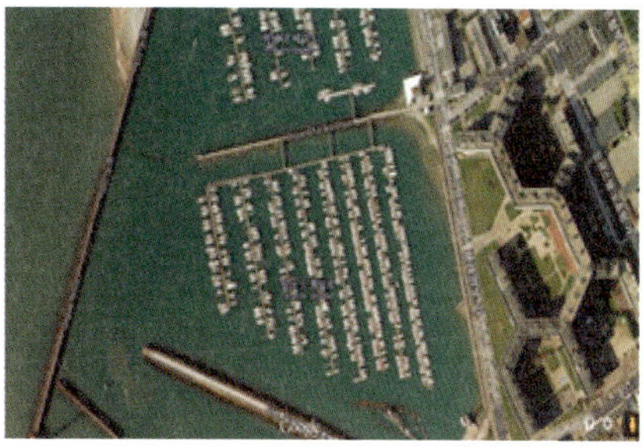 수상 계류 부분:
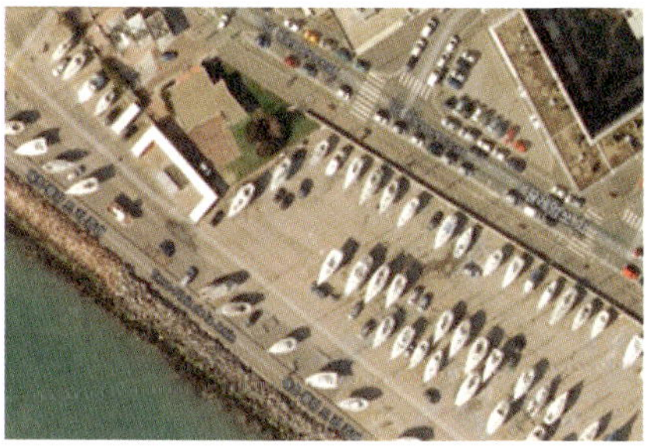 육상 계류 부분:	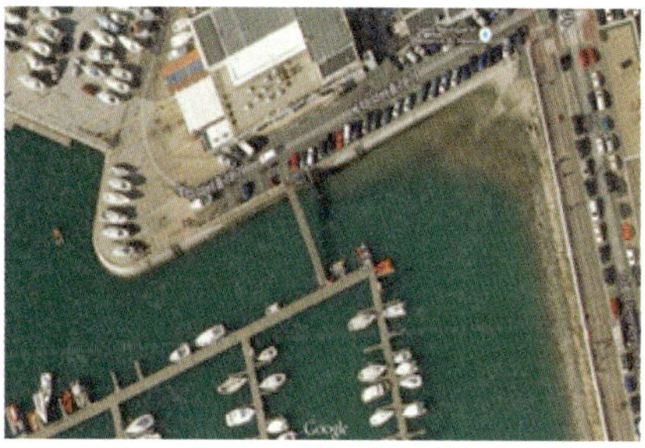 수변 공간:
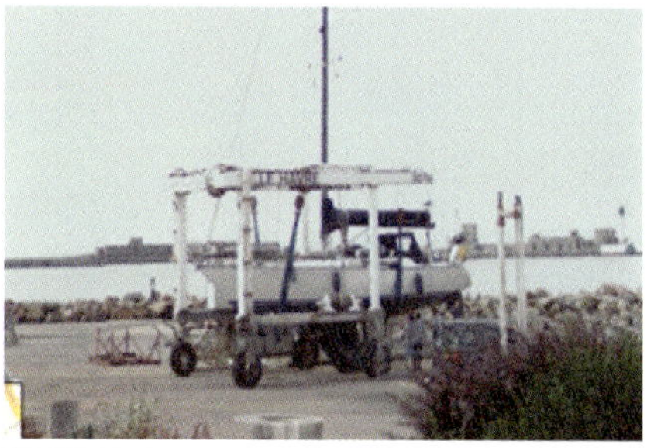 장비: 마린 모바일 리프트 30ton	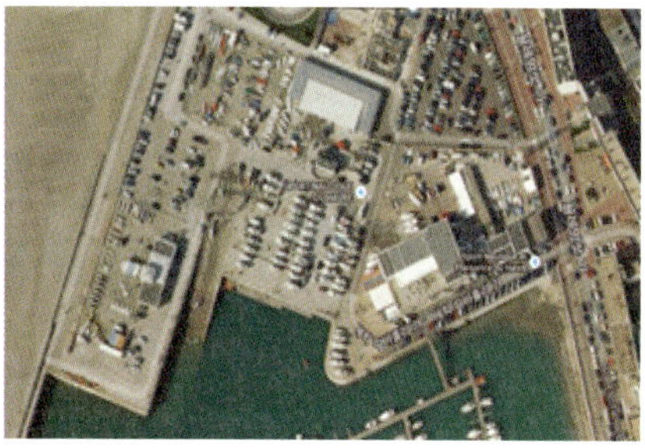 육상 수리소:

국가	영국	도시	도버	명칭	
선석	육.해상300척	면적		위치	내만

 전체 사진:	 수상 계류 부분:
	해당 없음
육상 계류 부분:	수변 공간:
 장비: 마린 모바일 리프트 25ton	 갑문

국가	영국	도시	헤슬러	명칭	헤슬러마리나
선석	육.해상600척	면적		위치	강 하구 / 내만

전체 사진:	수상 계류 부분:
육상 계류 부분:	수변 공간:
장비: 마린 모바일 리프트 30ton	

국가	미국	도시	오레곤,포틀랜드	명칭	잭슨비치 강마리나
선석	강 16,000척	면적		위치	강중류(바다~150km)

<table>
<tr><td></td><td></td></tr>
<tr><td>육상 계류 부분:</td><td>수변 공간: 강 보트하우스</td></tr>
<tr><td></td><td></td></tr>
<tr><td>장비: 마린 모바일 리프트 30ton</td><td>수상가옥</td></tr>
</table>

참고자료 2. 해외 마리나 및 산업시설

국가	프랑스	도시	서북부	명칭	옹플레르 마리나
선석	80척	면적		위치	

육상 계류 부분:	수변 공간:

장비: 갑문 2	갑문 1

국가	미국	도시	와싱턴주 시애틀	명칭	
선석	80척	면적		위치	코모도어 강변

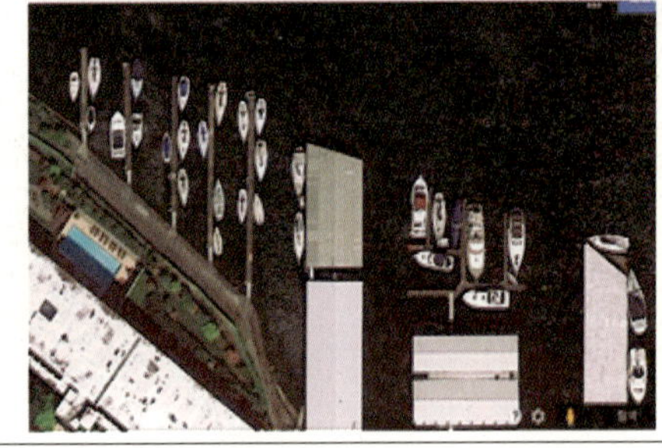	
육상 계류 부분:	교각 통과

	갑문 1

참고자료 2. 해외 마리나 및 산업시설

국가	미국	도시	캘리포니아 샌프란시스코	명칭	발레나 마리나
선석	250척	면적		위치	샌프란시스코만

육상 계류 부분: 육상계류 거의 없음	수변공간/고급주택가 부두

장비:	조수간만의 차 극복 위한 도보레일

국가	미국	도시	캘리포니아 샌프란시스코	명칭	포트맨마리나
선석	2,500척	면적		위치	샌프란시스코만

육상 계류 부분:	수변공간/고급주택가 부두

장비: 마린 트레블 리프트 25톤	마린 트레블 리프트 25톤

참고자료 2. 해외 마리나 및 산업시설

국가	미국	도시	캘리포니아 샌프란시스코	명칭	카브릴로 마리나
선석	2,000척	면적		위치	샌프란시스코만

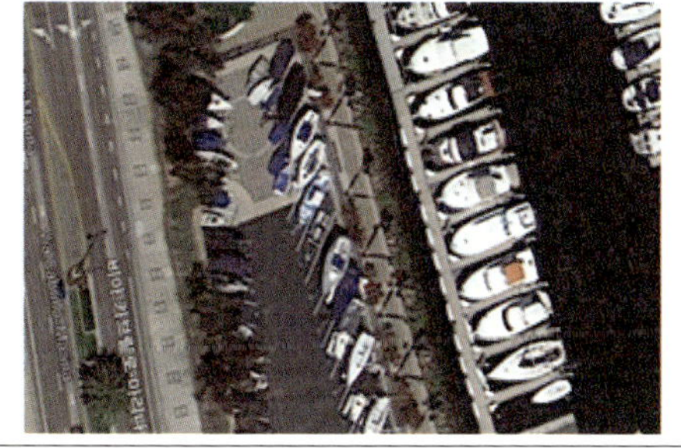	
육상 계류 부분:	수변공간/고급주택가 부두

장비: 회전크레인 5톤 2조	

국가	미국	도시	캘리포니아 샌프란시스코	명칭	
선석	3,000척	면적		위치	밥존스 운하근처

소형 운하 부분

수변공간/고급주택가 부두

개인 부두/하우스/수영장

국가	일본	도시	요코하마 인근	명칭	가나가와
선석	육해상 150척	면적		위치	방파제/태평양

육상계류장	수변공간/고급주택가 부두

장비: 고정크레인 25톤	

국가	호주	도시	퀸즈랜드	명칭	마리나산업단지 시티마리나
선석	수만척	면적	15만평	위치	

육상계류장

수변공간/고급주택가 부두

장비: 이동크레인 100톤

위성 사진

■ 참고자료 3: 마리나 운용장비 설계도면

- Dry Stack
- Dry Stack Detail A
- Dry Stack Detail B
- Dry Stack Detail C
- Marine Mobile Lift KML-35T6
- Marine Mobile Lift KML-50T7
- Marine Fork Lift W3.2M

정 종 택

2018. 현. ㈜코마린 대표이사
3월. 50인승 유람선 인천 청라코마린 납품 완료
5월. 35톤 마린 모바일 리프트 강원 양양군 수산항 마리나 납품 완료.

2017. 대불공장 마린 모바일 리프트 양산 개시
50인승 유람선 설계 건조

2016. 해양수산부 『한국형 e-Navigation서비스를 위한 핵심기술 연구개발』 참여
인천 청라 중앙공원 수상레저사업 운영

2015. 해양수산부 과제 MARINE MOBILE LIFT 국산화 과제 『소형선박 및 레저보트 상하가를 위한 50톤급 다목적 모바일 리프트 개발』 (2017년 5월 개발 완료)

2013. 인천 송도 센트럴공원 수상레저체험시설 운영

2011. (주)코마린 청초지점 설립(속초),
당항포지점 인수 (경남 고성)

2010. 육상계류장 국내 최초 건립 (인천항만공사와 계약 체결) 20척 규모
호주 Tournament Pleasure Boats, 미국 WIGGINS (Forklift)사와 독점 판매 계약 체결 도입 완료
(주)코마린(www.komarine.kr) 설립

2001. (주)카네비컴(www.carnavi.com) 법인 설립

❍ 육상 계류장 & FORK LIFT / MARINE MOBILE LIFT
- 미국 Wiggins (FORK LIFT) 한국 공식 독점 수입 판매원
- MARINE FORK LIFT 수입 판매 및 임대 사업
- 육상계류시설(Dry Stack) 설계, 시공 및 운영사업
- MARINE MOBILE LIFT(마린 모빌리프트) 개발, 생산 판매
- MARINE MOBILE LIFT(마린 모빌리프트) 임대사업

❍ 전자해도 및 Navigation
- 내비게이션 단말기 및 DVR/NVR 개발
- E-NAVIGATION 사업 연안 소형선용 전자해도 개발(경로탐색 기능)

❍ 전기선박, 전기유람선, 요트, 보트 생산 판매
- 50인승 유람선 설계 및 생산 ((주)카네비컴해양 대불산업단지)
- 요트 및 보트 수상레저 사업
- 200KW급 전기선박의 건조 및 판매

■ 편찬위원장정 종 택 ((주)코마린 대표이사)

■ 편찬위원 및 편집

박 경 민 ((주)카네비컴 해양)

문 정 환 ((주)카네비컴 기술연구소)

■ 외부검토위원

박 성 현 (목포해양대학교)

유 흥 주 (인하대학교)

한 갑 수 (광동 FRP)

강 석 주 (시케이아이아이피엠)

김 헌 희 (목포해양대학교)

김 학 철 (파워마린)

김 준 호 (목포해양대학교)

고 광 일 (아이엘엔지니어링)

임 종 범 (왕산마리나)

김 주 형 (워터웨이플러스)

최 경 일 (선박안전기술공단)

백 종 철 (해양영어조합법인)

김 광 경 (김녕요트투어)